南水北调中线典型渠段
安全监测、检测分析研究

赵梦蝶　陈守开　著

中国水利水电出版社
www.waterpub.com.cn

·北京·

内 容 提 要

本书主要针对南水北调中线线性工程典型渠段（潮河段、潞王坟段）展开研究，结合高填方、深挖方及膨胀土渠段特性，建立了对应的安全诊断方法与评估方案。因南水北调工程现有数据较少，为更好地研究数据变化过程及其趋向性，引入长短时神经网络模型以建立数学模型，根据模型特性，实现对数据的充分运用，保证工程的安全运行；为实现对监测数据的安全诊断，针对数据的特性展开研究，根据数据的均值、分布范围及出现的概率，在现有监控指标理论的基础上，分析数据的状态分布，进而结合云模型理论、集对分析理论，判别工程的安全性；运用综合分析方法，结合检测信息与监测数据，实现了对南水北调线性工程安全的综合判别与诊断。

本书可供从事水利水电工程设计、施工和运行管理的工程技术人员参考，也可作为高等学校水利、土木、工程力学等专业本科生、研究生的教学参考书。

图书在版编目（CIP）数据

南水北调中线典型渠段安全监测、检测分析研究 /
赵梦蝶，陈守开著. -- 北京：中国水利水电出版社，
2021.6
　　ISBN 978-7-5226-0019-2

Ⅰ．①南… Ⅱ．①赵… ②陈… Ⅲ．①南水北调—水
利工程—风险评价—研究 Ⅳ．①TV68

中国版本图书馆CIP数据核字（2021）第204258号

书　　　名	**南水北调中线典型渠段安全监测、检测分析研究** NANSHUIBEIDIAO ZHONGXIAN DIANXING QUDUAN ANQUAN JIANCE、JIANCE FENXI YANJIU
作　　　者	赵梦蝶　陈守开　著
出 版 发 行	中国水利水电出版社 （北京市海淀区玉渊潭南路 1 号 D 座　100038） 网址：www.waterpub.com.cn E-mail：sales@waterpub.com.cn 电话：（010）68367658（营销中心）
经　　　售	北京科水图书销售中心（零售） 电话：（010）88383994、63202643、68545874 全国各地新华书店和相关出版物销售网点
排　　　版	中国水利水电出版社微机排版中心
印　　　刷	天津嘉恒印务有限公司
规　　　格	170mm×240mm　16 开本　10.25 印张　153 千字
版　　　次	2021 年 6 月第 1 版　2021 年 6 月第 1 次印刷
定　　　价	**52.00 元**

前　言

　　水是生命之源，是构成生态环境的基本要素，同时也是人类生存与发展不可缺少的重要资源，是综合国力的重要组成部分。我国领土辽阔，自然条件复杂多样，各地区的水资源不仅总量差异很大，总体的利用率也不高。由于南北方降雨量的差异，水资源地区分布极不均匀，呈现出南多北少的现象，而水资源的短缺直接导致了北方地区经济社会发展比南方地区缓慢。为了缓解这一现状、促进经济发展和社会进步、改善生态环境，我国于 2002 年 12 月南水北调工程正式开工。南水北调工程是我国的一项缓解水资源短缺及分配不均的重大战略性工程，通过南水北调工程可实现跨流域水资源的调配，保证水资源的合理配置，较大程度上能够缓解我国北方水资源严重短缺问题，从而促进南北方经济、社会与人口、资源与环境的协调发展。整个工程主要分为东线、西线、中线三条线路，统称东线工程、西线工程、中线工程，是解决我国水资源空间分配不均的一项重大举措。

　　南水北调中线工程输水总干渠全长 1277km（不包括北京段和天津段），从丹江口水库引水，自陶岔渠首沿唐白河平原北部及华北平原西部边缘布置，跨长江、淮河、黄河、海河等四大流域，直达北京、天津两市，跨越 3 个气候区，各条件差异均较大。截至 2021 年 6 月，南水北调中线工程已投入运行，但因工程线路长，沿线所经地区的地理环境和气象条件差异较大，地质环境复杂多变，不良地质渠段问题较为突出，而且在工程运行过程中不可避免地会面临着各种自然灾害风险以及渠道渗流破坏、不均匀沉降、水质污染等各种风险的考验。工程若发生安全事故，将会给沿线人民生命和财产安全带来严重威胁，因此，开展南水北调中线线性工程渠道渗流、沉降评估方案研究在保证南水北调工程安全稳定运行方面具有重大发展前景和现实意义。

本书以南水北调中线工程典型渠段（潮河段、潞王坟段）为例，通过对南水北调线性工程特点的分析，展开对渗流与沉降安全的研究。选取高填方渠段、深挖方渠段、膨胀土渠段等典型渠段，研究反映南水北调线性工程实测性态的多种检测项目及监测数据的时空特征，并分析各监测数据的变化规律及其影响因素（环境变量），建立起基于神经网络预测分析方法的单点数学模型，以此实现监测数据与环境变量的相互关联，并确定监测数据的变化趋势，为之后的渠道安全诊断提供支持；研究南水北调线性工程沉降变化值、渗压值的时变规律特征及环境变量的变化规律，结合监控指标值方法与云模型理论方法，并运用有限元仿真模型，构建工程安全异常模式数据库，建立起监测数据的单点多因素时效模型，并与集对分析方法相融合，实现监测数据评价等级确定；收集渠段检测信息数据信息，实现对检测信息的异常判别；研究针对南水北调线性工程的单项目数据隐患判别方法，如层次分析法、粗糙集理论等手段方法，研究不同监测数据、检测信息之间响应异常条件的及时性、准确性，建立不同项目不同数据信息的敏感性指标体系，为权重的分配提供依据；利用综合分析法，考虑南水北调线性工程类型、区域及检测信息位置，研究考虑环境变量、监测数据与检测信息的关联关系，建立反映南水北调线性工程工作性态的适应性评价方法，提出南水北调线性工程安全运行的诊断技术与评估方案。应用实例证明，上述研究方法能够实现对渠段的安全性评价，且该模型方法实现了检测信息与监测数据的相互融合，为渠段的安全提供了更为全面的评价方法。

全书由华北水利水电大学赵梦蝶、陈守开共同编写，具体分工如下：赵梦蝶编写了第2～第4章、5.1～5.2节、第7章及附录，陈守开编写了第1章、5.3节、第6章及第8章。全书由赵梦蝶统稿。

在本书编写过程中，得到了南水北调中线建设管理局相关领导的大力支持，取得了大量翔实的直接、间接资料；同时，在实地调研中，得到了黄河勘测规划设计研究院有限公司的大力支持，取得了直接的信息资料。在此一并表示深深的谢意！本书得到了"十三五"国家科技重大专项项目（2018YFC0406900）、国家自然科学基金（52009045）的大力支持，在此一并表示衷心的感谢。

由于本书编写时间紧促，疏漏、谬误在所难免，如有不妥不处，敬请读者批评和指正。

作者

2021 年 3 月

目 录

第1章

概　况

1.1　安全评价研究现状及趋势

1.1.1　渗流安全评价现状

　　渗透破坏主要是指在渗压水头作用下，土体有效应力的减小以及因坝体内部土体颗粒移动而出现的渗透变形，使得坝体本身的稳定性不断降低甚至破坏的情况。因此，对渗透破坏的研究无论在国内外都是重点。在国内，渗流安全的评估主要通过建立渗流安全评价模型来实现，而渗流安全评价模型建立主要包括以下三点：评价指标选取、权重分配以及相应的评价模型的确定。吕鹏等[1]主要从渗流变化的原因量及其相对应的衍生量出发，设定了以水位、降雨、温度以及相应的渗压值与渗流量为基础的指标体系，建立了相应的渗流安全评价模型。赵鑫[2]则在此基础上添加了渗流的内部影响因素，建立了多层次、多指标的指标体系，其中内部影响因素主要以地质条件为主，如地层结构、渗透系数、临界坡降等，而外部影响因素则主要针对水文条件、微地貌等因素，并结合工程实例表明了指标体系的适用性与实用性。而在权重分配方法上，现有的分配方法主要可分为两类，一为主观赋值法，包括层次分析方法、专家排序法等；二为客观赋权法，包括主成因分析法、因子分析法和神经网络方法等。付修庆等[3]将传统的最大隶属度评价方法改进为基于最大贴近度、最大对比度的可拓性法，进而实现了大坝渗流的物元可拓评价模型的构建。曹晓玲[4]从向量相似度的基本原理出发，通过对安全监测数据的分析与专家评分结果，计算单个评价指标的特征向量与综合指标向量，并以此得出了相应的相似度大小与权重分配模式，建立了相应综合评价模型。Jiang et al.[5]结合了 TOPSIS 模型的相关理论知识，运用数学公式实现了主观和客观权重的综合权重的计算。

在渗流安全评价模型建立方面，梅一韬等[6]利用可拓理论将定性分析与定量数据有机结合，并引入熵权法建立了基于熵权的模糊可拓评价模型，以此实现了混凝土重力坝渗流性态评价。刘强等[7]提出了灰色模糊理论，并以此实现了多层次指标体系的关联关系构建。韩立炜等[8]以云模型方法为基础，运用云模型数字特征建立了渗流不确定性动态评价模型，为土石坝的渗流安全评价提供了一种新的方法与思路。而何亚辉等[9]则是更进了一步，选用云模型理论方法与传统的模糊综合评价模型相结合的方式来构建渗流安全的评价模型，由安全风险等级和评估数据分别推求标准云和评价云数字特征值，通过计算标准云和综合云的相似度来给出评价结果。但相比于以上评价模型，王晓玲等[10]建立的渗流安全评价模型则更为全面，在评价方法上，运用可拓云评价方法与DSR方法相融合的方式，在确立指标因素时，又将环境因素和监控指标数据相结合，并在权重确立过程中，将运用影响矩阵确定的主观权重与基于相关系数的客观权重相结合的方式，在减少主观权重的同时增添了客观权重，更益于保证评价模型的结果。

而在国外，研究内容除上述描述之外，还包括数学模型的建立与坝体内部的检测。如 Su et al.[11]针对渗流破坏原因复杂、影响因素多、不确定性强等特点，提出了一种将安全系数法和可靠性分析法相结合来判定渗流是否安全的方法，即根据工程实际，通过监测数据分析、数值仿真等方法，判定工程的安全现状及发展趋势，并通过设定安全系数和相关不确定性指标的可靠度，实现了堤防工程安全状态的动态确定及相应的危险水位阈值设定。Wang et al.[12]则通过对物元扩展（MEE）模型和功能数据分析（FDA）的集成，建立了 D-MEE 模型；实例应用后表明，该模型可应用于渗流安全评价，且优于一般的渗流安全评价模型。此外，还有不少的学者针对坝体内部进行了检测，并与外部的监测数据相结合，以此建立了渗流安全的评价模型，如 Sjödahl et al.[13]就运用电阻率监测数据实现了土石坝渗流安全的定性评价，之后 Cho et al.[14]结合 Archie 的实验公式，提出了利用坝顶的电阻率数据计算坝顶孔隙度分布的方法，并以此提出一种基于电阻率监测数据的堤坝安全指数评估方法。

1.1.2　沉降安全评价现状

针对沉降安全，国内外研究虽较少，但其研究的内容则与渗流类似，同样集中于指标体系的建立、权重分配方法与不同评价模型选择上。黎佛林等[15]先行建立了沉降与相关因素之间的回归线，并通过增添或删减影响因素确立最优的回归曲线，通过计算各数据样本点与回归线之间的距离，划定正常状态下的影响因素的数值取值范围，以此实现沉降评价模型指标体系与等级标准的建立。但因坝体沉降曲线易受时间因素的影响，即后期的沉降数值受前期数据影响较大，故该模型存在一定的局限性。邵莲芬等[16]则针对权重分配方法展开研究，主要运用投影寻踪方法确定各评价指标权重值，并与正态云模型确定的安全等级标准相结合，实现安全评价。此外，刘愚[17]运用信息熵理论、冯学慧[18]运用熵权法均实现了指标体系的权重分配。

张社荣等[19]针对施工期坝体的沉降数据进行了沉降规律总结以及预警标准的确立，在采用重标度极差分析法对坝体不同高程测点、同高程测点、同测点不同时期沉降数据进行分析之后，提出了以分形维数标准结合趋势性指标的指标体系的沉降评价模型，因该模型有效地避免了传统函数方法中参数难以确定的问题，故而拥有较强的实用性。Huaizhi et al.[20]采用了相似的模型方法，将分形理论与 R/S 分析相结合，通过分析多源数据，挖掘隐含在时序数据内部的内在规律，并对其数据变化趋势进行了定量处理；通过建立大坝变形的全局时间效应模型和预警判据的划分，实现了大坝病害诊断和大坝安全预警。应用实例证明，该模型的建立可以实现整体安全状态评价，并能识别与总结观测效应量的变化趋势，具有明显的模型优势。Liu[21]则主要针对大坝变形监测指标展开了相应的研究，运用提升小波和多分量云模型的方法，对影响坝体变形的时变分量进行分解和重构，选择出最能反映大坝现状的监测数据，然后通过多分量的云模型，基于有效数据计算各分量的变形监测指标，最终得到了大坝变形监测指标及其确定性程度。应用实例表明，该方法能较好地计算大坝安全变形监测指标，可在实际运用工程中。

1.2 存在的问题及本书目的

通过以上关于堤坝渗流、沉降安全评价模型的研究与分析可知，现有的堤坝安全评价模型的建立，主要都是运用监测数据实现大坝安全的评价，或是结合环境变量因素与监测仪器监测数据，实现相应的安全的评价。而无损检测方法亦是实现评价堤坝工程的安全状态的重要手段，因此，堤坝渗流安全评价不考虑检测信息存在着一定的局限性及误差。以渗流为例，渗透是关乎渠道线性工程安全的重要因素之一，而渗压值分析亦是研究渠道运行期渗流安全问题最直接的途径之一。对于渗流失稳现象，其根本原因应是渠道内部的渗流不稳定，最终导致土体结构发生破坏。相比渠道渗流外部影响因素，渠道内部的变化更能体现渠道内部的渗流稳定情况。

因此，有必要利用现代数学理论和系统工程方法，将环境因素、监测数据与检测信息相结合，从环境变量、监测数据及检测信息三方面展开渠道的安全稳定评估，建立起相应的评价体系，从而实现监测数据与检测信息结合，为水利工程的安全提供更为全面的评价体系。

针对南水北调线性工程运行安全问题，选取高填方渠段、深挖方渠段、膨胀土渠段等典型渠段为对象，从渗流、沉降等项目入手，以具体的检测手段与已有的检测信息为基础，通过理论与数值分析等手段，研究提出工程运行安全诊断技术，并给出相关的评估方案，为南水北调线性工程安全运行状况判别提供依据，即研究多尺度融合线性工程运行安全诊断技术与评估方案。

为此本书主要从南水北调中线工程线性工程的典型渠段出发，建立单点数学模型，实现环境变量、检测信息与渗压计数据（渗压值）、沉降仪数据（沉降值）之间的数据关联，并以此确立渠道安全评价的指标体系，在确立响应渗流、沉降异常的敏感性指标体系之后，辅之以集对分析方法为基础、多种理论方法相结合的渗流、沉降安全的诊断技术，并以此建立起渠道的安全稳定评估方案。具体研究内容主要包括以下 3 个部分：

（1）分析南水北调线性工程特点。选取高填方渠段、深挖方渠段、膨胀土渠段等典型渠段，研究反映南水北调线性工程实测性态的多种检测项目及检测信息的时空特征，并建立单点数学模型，包括渗压、沉降等项目，分析各检测信息的变化规律及其影响因素。

（2）研究基于多元回归预测分析方法的南水北调线性工程沉降、渗流时变规律。建立单项目单点的多因素时效模型，并结合检测信息及环境条件进行时效模型的修正；研究针对南水北调线性工程合适的单项目数据隐患判别方法，并依据理论分析、仿真计算等手段，研究不同检测信息之间响应异常条件的及时性、准确性，建立不同项目不同检测信息的敏感性指标体系，提出相应的评价系数。

（3）利用综合分析法，考虑南水北调线性工程类型、区域及检测信息位置，研究考虑多项目、多参数关联关系，建立反映南水北调线性工程工作性态的适应性评价方法，提出南水北调线性工程安全运行的诊断技术，并给出相关评估方案。

具体的技术路线见图 1.1。

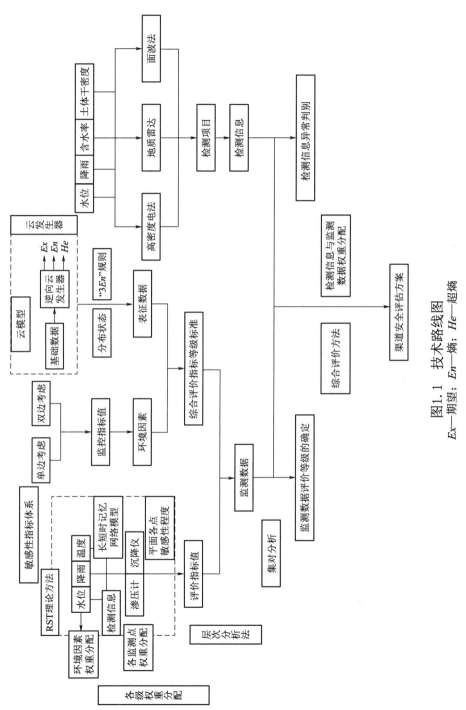

图 1.1 技术路线图

Ex—期望；En—熵；He—超熵

第 2 章

评价对象的选取与指标体系

2.1　评价对象的选取

本书针对南水北调中线工程潞王坟段、潮河段展开研究，分别选取高填方渠段、深挖方渠段以及膨胀土渠段等三种不同渠段进行渠道安全评价模型的建立，具体渠段的特点如下。

2.1.1　高填方渠段

当某渠段填方高度大于 6m 时，方可称为高填方渠段。而在南水北调中线工程中，众多渠段都是选用大量填土经压实后填筑形成，部分渠段填方高度高达 25.5m。正因如此，高填方渠段就如地面上的巨大悬河，其渠内的水平面远远高出周边地面。

对于高填方渠段而言，一般堤顶兼作运行维护道路，顶宽为 5m，堤顶高程取渠道加大水位加上相应的安全超高、堤外设计洪水位加上相应超高及堤外校核洪水位加上相应超高三者计算结果的最大值，左右岸堤顶高程分别按此要求布置，其高程可不相同。

高填方渠段过水断面均为单一边坡，左右岸相同，其边坡值范围为 1：1.75～1：2。堤外坡自堤顶每向下降低 6m 设一级马道，马道宽取 2m。对于填高较低的高填方渠段，填土外坡一级边坡为 1：1.5，二级和二级以上边坡为 1：2。高填方渠段外坡取值均由边坡稳定计算结果确定，可适当放缓，坡角设置干砌石防护。左岸沿填方外坡脚线向外设防护林带，林带外缘设截流沟，右岸一律设置 13m 宽防护林带，不设截流沟。其典型布置见图 2.1。

2.1.2　深挖方渠段

对于全挖方断面，一级马道以下采用单一边坡，左右岸相同，边坡值

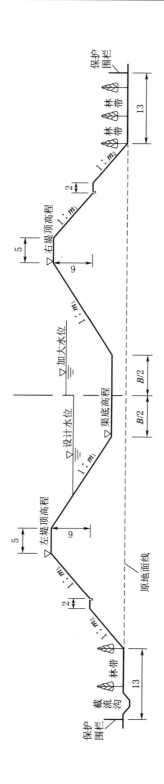

图 2.1 高填方断面图（单位：m）

范围为 1 : 0.4～1 : 3.5，具体取值由边坡稳定计算结果确定。一级马道高程为渠道加大水位加 1.5m 安全超高，左右岸相同。土质渠段一级马道以上每增高 6m 设二级、三级等各级马道，一级马道宽 5m，兼作运行维护道路，以上各级马道一般宽 2m，部分渠段经边坡稳定计算后需进行减载处理，将马道的宽度放宽至 5m。一级马道以上各边坡一般为上一级边坡按 0.25 进阶递减，部分渠段也可根据边坡稳定计算的具体情况而定。

对于全挖方断面而言，渠道两岸沿挖方开口线向外各设 4～8m 宽的防护林带。为了防止渠外坡水流入渠内，左右岸开口线外均需设防护堤，防护堤在开口线外 1m 布置，并与防护林带相结合确定防护林带宽，左岸防护林带外设截流沟，右岸不设。其典型布置见图 2.2。

2.1.3　膨胀土渠段

由膨胀土特有的胀缩性引发的裂隙通常在表层 2.5m 以内发育密集，对土体整体性造成破坏，渠道经过膨胀岩土地质段时，成渠条件差。有降雨入渗时，水分沿裂隙很快下渗到裂隙发育密集的深度范围之内，裂隙周边的岩土体也因吸水膨胀而逐渐向周边扩散，使表层岩土体达到饱和状态，抗剪强度降低，从而易在表层引发膨胀土渠坡的浅层滑坡。因此，渠道经过膨胀土地质段时，渠坡稳定性差。

膨胀土地质段渠道设计的主要问题是边坡稳定问题和消除或减弱其胀缩性问题。在膨胀土地质段进行渠道设计时，其设计标准与一般岩土段的标准相同。稳定膨胀土边坡的防护方案一般选用迎水面黏土铺盖方案，即以设计开挖断面为基础，在膨胀性岩（土）出露的部位，分别从渠底和设计坡面下垂直超挖，用黏土按原设计断面回填碾压。具体可见图 2.3。

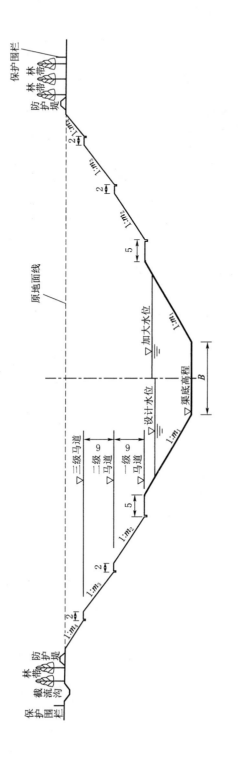

图 2.2 土质渠道全挖方典型断面图（单位：m）

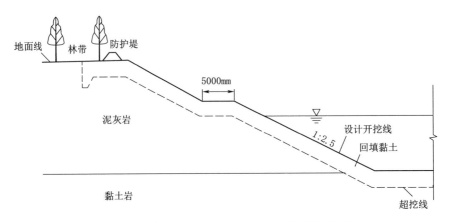

图 2.3 膨胀土全挖方渠段换土处理措施图

2.2 渠道渗流评价指标体系的确立及指标含义

通过对专家学者已有研究的总结可知，在构建渠道渗流指标体系时不仅需要考虑影响渠道渗流的外部环境影响因素，还应考虑渗压值数据以及检测信息的内容，因此渠道渗流评价指标体系应由三部分组成：第一为渠道渗流的环境影响因素，因渠道渗流属于堤坝渗流，在影响因素保持不变的情况下，渠道渗流应正常稳定，但外部因素通常会有较大的起伏，从而引起渠道渗流的变化，即外部影响因素是改变或引起渠道渗流状态变化的主要因素；第二为监测仪器数据，渗压计数据分析通常都是用于表明渠道渗流是否稳定的重要依据，在现有工程中，判定渗压计数据的变化趋势是保证渗流安全的重要前提；第三为检测信息，主要针对渠道内部情况进行识别，以此实现渠道安全的定性判别。

2.2.1 高填方渠段

在选取对高填方渠段的相关影响因素时，应将渗流影响因素和渗流表征数据都纳入考虑范围，其中，渗流影响因素应为渠道内部水位

（渠内水位）数据与温度变化等 2 个主要环境因素，检测信息可反映土体内部情况，也可反映渠道渗流的情况，以此为基础建立高填方渠段渗流安全评价指标体系，具体如图 2.4 所示。

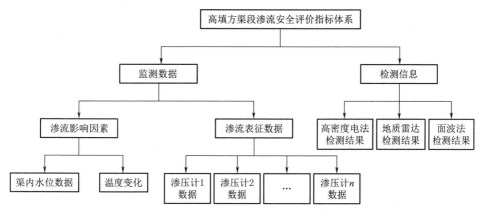

图 2.4　高填方渠段渗流安全评价指标体系

各评价指标的含义具体如下。

1. 渠内水位数据

渠内水位数据指标代表着渠道整体的流量大小。渠内水位数据的监测是保证渠道整体渗流是否保持稳定的重要前提，通过对水位数据的监测可以了解到渠道全线水流运行是否平稳、渠道是否处于渗流稳定状态等。根据文献[22-24]可知，渠内水位数据的变化，无论是水位的上升与下降都会引起渠道内部稳定渗流的变化，从而导致渠道渗流安全隐患的产生。陶丛丛等[22]通过研究发现，坝体渗流量多源于上游库水位与降雨的叠加作用，且渗压值与渠内水位之间呈现正相关的变化趋势。故选取渠内水位数据为主要的评价指标。

2. 温度变化

温度变化的影响主要体现于混凝土面板表面的裂缝大小。受温度影响，混凝土的表面受热膨胀，遇冷收缩，渠道内部的渗流由此将会发生改变。许增光等[25]将温度变化对渗透系数的影响用于渗流场渗压值的计算，并与未结合温度变化的计算结果相比，结果表明前者的渗流场渗压值分布情况更为准确。此外，温度变化将引起土体参数的变化，李波波等[26]运用实例表明，土体的渗透系数与温度的变化而成反比关系，温度升高，使得渗透系数降低，而渗透系数的变化亦会使渠道的渗流发生变化，即温度场与渗流场之间存在着耦合关系，因此需考虑温度变化以实现对渠道渗流安全的评估。

3. 渗压计数据

渗压计设备是渠道安全监测的主要设备之一，其主要针对土体的渗透压力变化进行监测，其数据变化便代表着土体渗透压力的变化。而由渗透压力的定义可知，在渗流方向上水对单位体积土的压力就是渗透压力。因此，当渗压计数据变大时，就代表着单位体积的土体上方的渗透水量的增大，而当渗透水量增大时便容易造成渗流失稳现象。渗压计数据特征分析是渠道工程运行期渗流安全分析的重要技术支持，其主要的目的就是要对可能存在的发生渗流失稳的坝段进行重点防备，减少其渗流破坏的可能性。因此应将渗压计数据设为主要的评价指标。

4. 高密度电法检测结果/电阻率

利用高密度电法可获取渠道内部的电阻率特征数值。因渠道内部的渗流状态既受外部环境因素的影响，又与渠道内部土体参数的性质密切相关，而电阻率数据变化可用于表明渠道渗流状态的变化，因此电阻率数据不仅受渠道土体的填筑密度及含水量的变化影响较大，还与水位、降雨等外部因素的变化密切相关。聂艳侠等[27]运用实验，分析了电阻率与土体饱和度之间的联系，即电阻率与土体干密度、含水量之间的关系，结果表明，土壤电阻率与干密度、含水量之间存在着定量关系式，它们之间关系密切。Yaya et al.[28]、Sjödahl et al.[29]使用电阻率成像仪分别探测加拿大与瑞典南部的工程内部含水饱和度后亦获得了类似的结论。通过对电阻率数据的研究，现有文献均表明利用电阻率数据可实现对渗流安全的评估。刘道涵等[30]、姚纪华等[31]及王祥等[32]在开展土体电阻率试验后，均表明应用土体电阻率方法能有效地探测到土体中的渗流通道或缺陷的大致位置，为评价和监测土体结构的稳定提供了一种较为有效的技术手段。因此本书选用渠道电阻率表明渠道内部渗流情况，并将其设为指标评价体系的指标。

5.地质雷达检测结果

地质雷达检测结果与电阻率类似，对其数据的变化进行分析可实现对渠道内部渗流状态的分析，如薛建等[33]、任爱武等[34]、高士佩等[35]均是利用了探地雷达的方法，实现堤坝工程内部土体渗流状态的无损检测，并为堤坝的有效管理与维修加固提供了科学决策的依据。因此应将地质雷达检测结果设为指标评价体系的指标。

6.面波法检测结果

面波法主要是通过提取弹性波的运动特征来表明土体性质的改变，并以此实现渗流状态是否正常的判定。Ju et al.[36]利用电阻率法与瞬态面波法对矿山尾矿坝的渗流隐患进行了相关的试验，结果表明，在检测可能存在的渗漏位置的时候，这两种方式的相互结合能够取得较好的结果。而 Liu et al.[37]则是更进一步，利用电阻率数据和面波数据实现了堤坝工程内部一维、二维模型的高质量综合输出，并对基岩深度、土壤厚度、含水量变化、可能的渗流路径以及岩溶特征进行了特征识别，并在实例应用中取得了较好的结果。因此应将面波法检测结果设为指标评价体系的指标。

2.2.2 深挖方渠段

与高填方渠段不同，深挖方渠段主要是向下开挖，以实现渠道断面设计与施工，从而使得渠道水流水面得以平稳顺行，减少引水水量与能量的损失。因此，深挖方渠段的指标体系应在高填方渠段的基础上，增加相应的地下水位数据，如图 2.5 所示。在选取了影响因素时，应将渗流影响因素和渗流表征数据都纳入考虑范围，其中，渠内水位数据、降雨量、温度变化及地下水位变化等 4 个主要因素为渗流影响因素，建立深挖方渠段渗流安全评价指标体系。

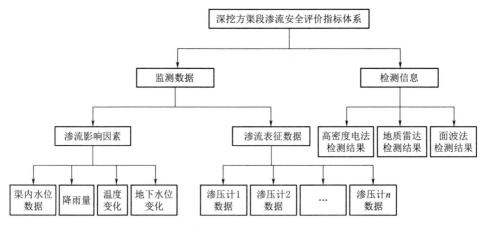

图 2.5　深挖方渠段渗流安全评价指标体系

各评价指标的指标含义具体如下。

渠道内部水位数据、温度变化、渗压计数据及检测信息内容可见 2.2.1 节。

1. 地下水位变化

基于深挖方渠段特性，在建立深挖方渠段评价指标体系时，需考虑地下水位对深挖方渠段的渗流的影响。因深挖方渠段基本上都是将混凝土衬砌及全断面铺设复合土工膜作为防渗材料，如果防渗体系失效，可能发生渠道水向土体渗透，也可能发生地下水向渠道渗透。这两种情况导致的破坏不相同，渠道水向土体渗透会导致水量损失甚至失稳，而地下水向渠道渗透则会污染渠道水质，引起面板顶托破坏等情形。因此应将地下水位设为主要的评价指标。

2. 降雨量

降雨量是水文数据资料的一种，属于定量指标。实现深挖方渠道内降雨特性分析以及运行期间受降雨影响地下水位变化情况的研究有益于渠道渗流稳定的分析。湛文涛等[38]、王桂尧等[39]以及 Ismail et al.[40]通过改变降雨强度与时长，研究土体边坡渗压水头的变化情况，结果表明随降雨强度与时间的增长，降雨因素对土体的影响深度越深，渗压值变化也越大，对地下水位的变化亦有一定的影响。因此应将降雨设为主要的评价指标。

2.2.3　膨胀土渠段

膨胀土渠段设计与施工过程与深挖方渠段类似，但基于膨胀土特性，应着重关注膨胀土含水率的变化以及其遇水的变形等情况，故膨胀土渠段渗流安全评价指标体系如图2.6所示，与深挖方渠段类似。但在渠道安全评价模型计算过程中，应根据工程实际适当调整权重比例，以表明膨胀土的特性，具体可见本书5.3节的内容。

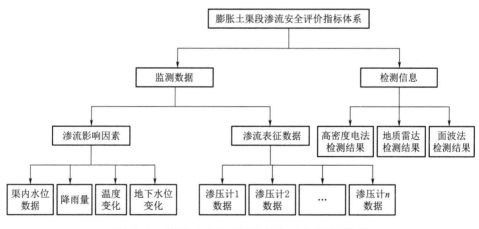

图 2.6　膨胀土渠段渗流安全评价指标体系

2.3　渠道沉降评价指标体系的确立及指标含义

渠道沉降评价指标体系与渗流评价指标体系类似，也由三部分组成：第一为渠道沉降的环境影响因素，外部影响因素是改变或引起渠道沉降状态变化的主要因素；第二为监测数据，沉降仪数据分析通常都是用于表明渠道沉降是否正常的重要依据，在现有工程中，判定沉降仪数据的变化趋势是保证沉降安全的重要前提；第三为检测信息，主要是针对渠道内部的安全隐患进行识别。

2.3.1　高填方渠段

由高填方渠段特性可知，土体的不均匀沉降变形问题应是高填方渠段关注的焦点。而同样由高填方渠段特性可知，对于高填方渠段，其沉降值大小不仅受土体自身的变形的影响，还与地基沉降有关。且由相关资料可知，填土自身的变形对总沉降量的影响极大，其往往占总沉降量的 80％以上，但该过程在施工期便已基本完成，因此在运行期期间，填土自身的沉降对土体的沉降过程影响不大。此时土体的不均匀沉降通常是由渠内水位及温度等因素的变化引起的，因此在对高填方渠段运行期沉降选取相关影响因素时，应将这两种因素都纳入考虑范围，选择渠内水位数据及温度变化等 2 个主要因素作为沉降的环境影响因素，并选取平断面上的沉降仪监测数据及相应的检测信息为沉降表征数据，并以此为基础建立高填方渠段沉降安全评价指标体系，具体见图 2.7。

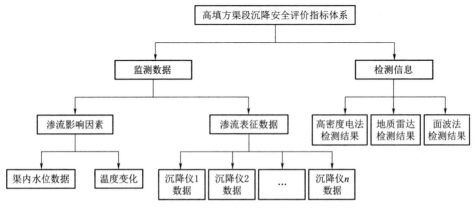

图 2.7　高填方渠段沉降安全评价指标体系

各评价指标的含义具体如下。

1. 渠内水位数据

由 2.2.1 节的分析可知，在渠内水位的影响下，渠道土体内部将会出现稳定的渠道渗流现象，而在此过程中，土体内部将会产生 3 个方面的作用力，分别为水压力、上浮力与湿化变形，在水压力作用力下，竖直方向上的水压力分力将会引起坝体的沉降变形，同时浸润线以下部分受水的上浮力作用，容重由原来的湿容重变为浮容重，从而引起了沉降值减小，即土体的上浮致使渠道整体向上变形。另外，在水压力和上浮力作用于土体的同时，土颗粒间由于水的润滑作用，在自重作用下重新调整排列形式，使得土体压缩下沉而产生湿化变形。因此，综合这三方面来看，应将渠内水位数据设为渠道沉降的评价指标之一。

2. 温度变化

温度对土体的沉降影响较小，但是在高寒地区，由负温引起的土体冻胀导致的土体沉降依旧较为显著。因南水北调中线干线工程基本都位于我国的北方地区，因此将温度变化设为渠道沉降的评价指标之一。

3. 沉降仪数据

由渠道沉降的数据变化可知，在渠道沉降过程中，受环境因素影响，渠道存在着上浮与下沉两种变形变化，并在这样的变化过程中，不断趋向于最终沉降值，并在达到最终沉降值之后，仍然呈现出在数据边缘上下浮动的现象。因此在评定渠道沉降是否安全时，应针对沉降仪的数据前后的变化值（沉降变化值）进行判别。

4. 高密度电法检测结果/电阻率

高密度电法主要是针对土体中的电位、电流及电阻率的大小的变化展开对土体性质的研究，即当土体的含水量发生变化时，土体的自然电位、一次场电位、激励电流和视电阻率均会发生变化，渠道的沉降将会引起土体内部裂缝的产生，由此则会引起土体含水量变化，视电阻率亦有较大的变化，因此根据电阻率的变化曲线便能实现对渠道内部是否有不均匀沉降的判定。梅芹芹等[41]、Widada et al.[42]、王平等[43]均是以此实现了地基沉降的分析，为工程的安全运行提供了相应的基础。因此应将高密度电法检测结果设为指标评价体系的指标。

5. 地质雷达检测结果

地质雷达数据主要受介质的电磁特性及其几何形态的影响，因此渠道内部的缺陷或是空洞等情况均可采用地质雷达方法进行探测，并以此为基础，实现了渠道不均匀沉降的判别。张邦等[44]、陈欢芳等[45]、杨永明等[46]运用此方法实现了工程内部的安全隐患的判别，为工程的安全运行提供了相应的基础。因此应将地质雷达检测结果设为指标评价体系的指标。

6. 面波法检测结果

面波法与地质雷达方法类似，对其数据的变化进行分析可实现渠道内部安全状态的分析，如崔德海[47]、贾开国等[48]、赵建三等[49]均是利用了面波探测的方法，实现堤坝工程内部的无损检测，并为之后的堤坝工程的有效管理与维修加固提供了科学决策的依据。因此应将面波法检测结果设为指标评价体系的指标。

2.3.2　深挖方渠段

与高填方渠段不同，深挖方渠段主要是向下开挖，以实现渠道断面设计与施工。因此在沉降初期，其沉降仪数据变化较高填方渠段较少，但在运行期间，其沉降数据的影响因素与高填方渠段类似。因此深挖方渠段沉降安全评价指标体系如图 2.8 所示。

2.3.3　膨胀土渠段

膨胀土渠段设计与施工过程与深挖方渠段类似，指标体系如图 2.9 所示，但因膨胀土特性，在对膨胀土渠段建立沉降安全评价时，应充分考虑

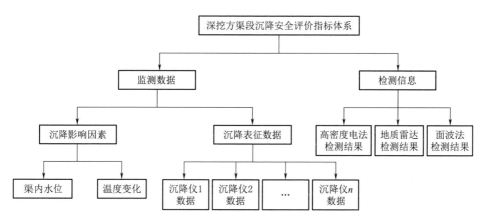

图 2.8 深挖方渠段沉降安全评价指标体系

膨胀土的特性，调整相应权重比例，以实现膨胀土渠段沉降安全评估，具体可见本书 5.3 节的内容。

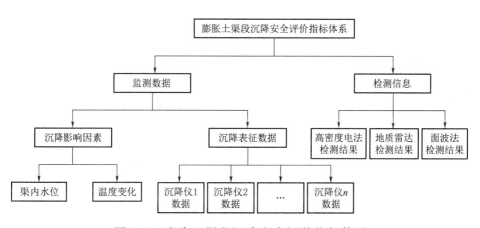

图 2.9 膨胀土渠段沉降安全评价指标体系

第3章

单点数学模型的建立

3.1　单点数学模型建立的必要性分析

通过对工程安全监测系统中各监测数据的分析可知，观测各监测点的渗压监测值，并结合相关数据分析，可用于了解渠道内浸润线位置及各点渗透压力的数值大小，这对确定渠道的渗流安全与稳定具有重大的现实意义。实现渗压值的统计分析，有益于分析渗压值与外界环境影响因素的关系，从而了解在各种外界因素作用下渠道工程的工作状态。此外，统计模型的提出有利于表明渗压值与环境因素之间的统计关系，以探索其变化规律，并能展现两者之间的内在联系。

而对于渠道沉降过程，通过监视渠道运行期的沉降情况，并建立起相应的统计模型，是保证渠道工程的安全和可靠的重要前提。针对渠道沉降过程展开分析，不仅能实现环境变量与沉降监测数据的关联，还能建立起相应的统计模型，在探索沉降过程规律的同时，实现对最终沉降值的预测，为今后的设计提供了一定的理论基础与技术支持。此外，运用上述模型，并结合相关数据，即可实现对漏测的沉降值的计算，保证数据的完整性，并在保证数据完整的基础上，捕捉沉降值数据中的异常数据，与实际运行中的异常现象相结合，及时抢险并保证工程安全。

单点数学模型的建立，不仅是基于工程实际的需要，在单点数学模型的基础上建立起完善的工程安全监测体系以保证工程安全运行，而且还是实现环境因素与渗压值、环境因素与沉降值相互关联及相应检测信息与监测数据相融合的过程。利用地质雷达、高密度电法以及面板法的数据，实现数据的融合；依据模型建立过程与计算结果，可实现渠道安全评价指标体系的确定，为之后的渠道安全评价提供必要的支撑。

3.2　数学模型的发展历程与不足之处

目前针对堤坝工程的渗流安全监测及建立相应的统计模型的研究极多。

渗流安全监测是保证渗流安全的重要前提，通过对现有的监测数据进行整体分析，从而建立起相应的渗流统计模型、确定性模型或混合模型，并以此实现对运行情况的监测与评价，具有重要的现实意义与科学价值。自1955年起，便已有通过建立统计模型，从而实现对大坝的渗流与变形观测资料定量分析的研究。之后随着有限元计算方法的不断扩展，法那林（Fene li）等又基于有限元计算方法提出了混凝土大坝变形的确定性模型和混合模型，即先行建立有限元模型，通过相关程序计算对应的效应量数据，并与实测数据有机结合，在优化拟合的同时调整参数，使其适合于用于监控大坝的安全状况。之后，法国电力公司又将时效分量引入到统计模型之中，并与统计模型的剩余量相结合，以此构建了线性回归模型，实现了趋势性监测数据的预测，极大地促进了相似模型的建立。此外，将时效分量引入统计模型，以表明时序数据的前后相关性，也为之后的大坝安全监测数据的时效性考虑提供了借鉴。

而在国内，定量数据的研究分析起步较晚，初期是以定性分析为主，主要是依据专家经验等方法判定，直至1974年，以单测点统计模型、确定性模型与混合模型为基础的单点监测模型才逐渐开始应用于大坝安全监测数据的拟合与分析。如陈久宇等通过逐步统计回归方法，逐步引入条件因素，不仅实现了监测数据物理成因的解释，还实现了对时效因素的研究。之后又有杨天凯等[50]、马文波[51]、王家琛等[52]、邢志红[53]、沈淑英等[54]、魏长勇[55]、杨杰等[56]依据上述模型类型建立了相应的统计模型，均实现大坝的渗流安全监测。随着人工神经网络广泛的应用，也有不少的专家学者将神经网络方法应用到大坝观测数据处理与分析中。如缪长健等[57]利用云模型方法改进了人工鱼群算法，并借此优化BP（back propagation）神经网络结构，构建了CM－AFSA－BP预测模型，在提高模型预测精度的同时减少了模型预测的时间，为之后的模型建立提供了借鉴。陈端等[58]采用广义回归神经网络模型实现了堤坝坝基处的渗流预测。此外李鹏莽等[59]、吴云星等[60]结合不同神经网络模型对堤坝渗流进行了相应的预测。虽然统计模型方法多样，但绝大部分都是针对监测数据与环境变量之间的相关性建立的模型，且多数的统计模型是运用多元回归方法拟合和预测，实现对渗压值的预测，进而判别是否出现渗漏异常的情况；或是建立神经网络模型进行非线性的预测，借助神经网络模型强大的容错性与计算能力，以达到提高渗压值预测精度的目的。

对于沉降值模型的建立，国内外学者提出了多种适用于沉降预测分析的方法，主要包括多元网络回归分析法、人工神经网络（artificial neural network，ANN）模型及混合模型等[61]。Mata et al.[62]率先通过研究表明人工神经网络模型是监测混凝土大坝工作性能的一种有效方法。之后 Kao et al.[63]则在此基础上建立了基于 ANN 模型的大坝安全监测模型，实现了相应数据预测，并以此为基础设置了沉降的预警值。郭健等[64]则是选用了径向基神经网络模型，在经去噪处理后，采用滚动预测方法对累计沉降值进行预测。结果表明，与其他模型如 ANN 模型相比，该模型误差值更小，具有更高的预测精度。谭徽霖等[65]应用小波神经网络组合模型，钟国强等[66]应用广义回归神经网络模型，均实现了对累计沉降值较高精度的预测。

总体而言，上述模型基本能够实现对以监测资料为基础的水利工程的安全评价，但是其建立却存在着一定的局限。上述模型基本都是基于传统神经网络模型建立的渗压水位的预测模型，在一定程度上增加了传统神经网络模型的多样性，但上述模型主要基于渗压水位与影响因素相关性构建，并通过前置数据均值表述渗压值响应影响因素变化的滞后作用，存在一定的局限性[67]，即无法充分保留和表明数据中蕴含的历史信息。此外，这类模型也无法真实反映堤坝渗压的时效特征，即无法对数据中隐藏的历史信息实现记忆功能，且不能将其保留之后输出至当前神经元进行数据的计算，而随着数据的输入不断更新。因此建立考虑动态变化特征的预测模型更能贴合实际的工程情况。

3.3 循环神经网络/长短时记忆网络模型

循环神经网络[68]（recurrent neural networks，RNN）是一种前馈型神经网络，是具有记忆功能，适合处理时间序列数据的深度学习模型[69-71]。与上述神经网络模型（如 BP 模型）相比，RNN 模型内部各隐含层节点之间互有联系，即隐含层相邻节点之间相互连接，能实现记忆功能，将历史数据中的隐含信息加以保留，并输出至当前神经元以进行数据的计算，并随着数据的输入而不断更新（图 3.1），其隐含层主要由两部分组成，既包括了此时刻输入层影响因素的输入，也包含了上一时刻隐含层的输出权重。基于这种特殊的设计，RNN 在时间序列预测方面显示出一定的优势。

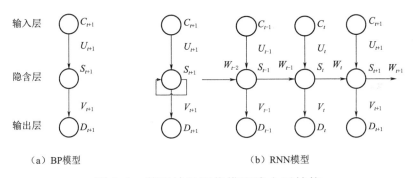

图 3.1　循环神经网络模型隐含层结构

LSTM 模型（long and short term memory network model，LSTM）是由 S. Hochreiter 和 J. Schmidhuber 在 1997 年提出的长短时记忆网络模型[72]，其目的主要是解决在 RNN 模型中存在的"梯度消失或爆炸"问题[73]，从而更为准确地将数据中隐含的历史信息表达出来。该模型在 RNN 模型的基础上增加了记忆单元，分别为输入门、遗忘门及输出门等机制，用于控制信息在不同时刻的传递。输入门控制着新的输入进入记忆单元的强度，即决定有多少新记忆将和老记忆进行合并。遗忘门控制着记忆单元维持上一时刻值的强度，即对历史信息进行取舍，如果遗忘门关闭，任何历史记忆无法通过；反之，如果遗忘门完全打开，则所有的历史记忆都将通过。输出门控制着输出记忆单元的强度，决定着 LSTM 单元对外界的响应[74]。具体见图 3.2。

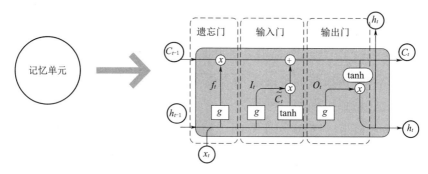

图 3.2　LSTM 结构示意图

LSTM 的训练时各门前向传播的程函数，见下式[75]：

$$f_t = g(W_{f1}x_t + W_{f2}h_{t-1} + b_f) \qquad (3.1)$$

$$I_t = g(W_{I1}x_t + W_{I2}h_{t-1} + b_I) \qquad (3.2)$$

$$\tilde{C}_t = \tanh(W_{C1}x_t + W_{C2}h_{t-1} + b_C) \qquad (3.3)$$

$$C_t = f_t C_{t-1} + I_t \tilde{C}_t \qquad (3.4)$$

$$O_t = g(W_{O1}x_t + W_{O2}h_{t-1} + b_O) \qquad (3.5)$$

$$h_t = O_t \tanh(C_t) \qquad (3.6)$$

式（3.1）～式（3.6）中：f_t、I_t、O_t 分别为模型 t 时刻遗忘门、输入门和输出门的向量值；x_t 为 t 时刻的输入；h_{t-1} 为 $t-1$ 时刻的输出，代表 LSTM 的隐藏的历史信息；W_{f1}、W_{I1} 和 W_{O1} 分别为遗忘门、输入门和输出门中输入层与隐含层连接权值；W_{f2}、W_{I2} 和 W_{O2} 分别为遗忘门、输入门和输出门中隐含层与输出层连接权值；W_{C1}、W_{C2} 分别为输入门中新候选向量输入层与隐含层、隐含层与输出层连接权值；b_I、b_f、b_O、b_C 分别为各结构对应的偏置项；$\tilde{C}_t$ 为 tanh 创建的新候选向量值；tanh 为双曲正切函数，可将实数映射到 ［-1，1］；C_t 为 t 时刻记忆单元的向量值；

g 为 sigmoid 激活函数，能够将实数映射到 [0，1]，1 表示上一时刻单元的信息全部保留，0 表示上一时刻单元的信息全部丢弃。

依据模型特性可知，此处所建立的单点数学模型拟将渠道渗流、沉降的环境因素及前置渗压、沉降数据共同作为神经网络的输入层，并通过隐含层内置的记忆单元实现环境因素与前置数据隐含信息表达，在贴合工程实际的同时实现预测数据的输出，具有一定的模型优势。LSTM（Long short term memory）神经网络模型拓扑结构图如图 3.3 所示。

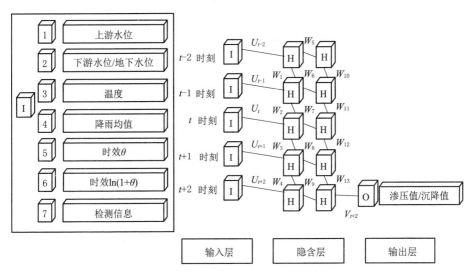

图 3.3　基于 LSTM 神经网络模型拓扑结构图

结合南水北调相关数据来看，其部分数据变化如图 3.4 所示。由已有的渗压、沉降的监测数据可知，较长时间序列的实测渗压值变化过程往往是非常复杂的，经常出现突变现象，很难直接确定其变化规律及发展趋势；同时这种变化与外部环境因素之间还存在着明显的相关性与滞后性；此外，对于渗压数据、沉降数据而言，其本身还存在着明显的时效特性，其前期的数据变化对后期的数据亦存在着一定的影响。结合上述分析可知，LSTM 神经网络模型适用于南水北调相关数学模型的建立。运用 LSTM 神经网络模型进行预测，结果如图 3.4 所示。

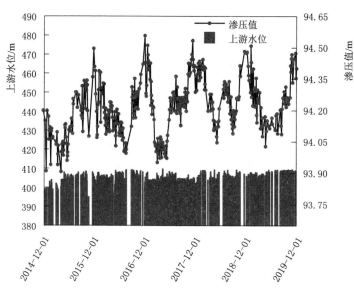

（a）上游水位与渗压计PB1渗压值关系图

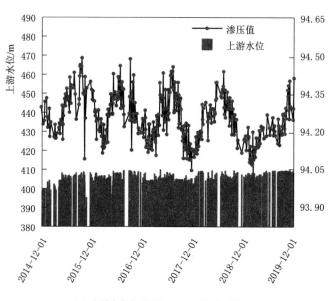

（b）上游水位与渗压计PB2渗压值关系图

图 3.4（一）　长序列渗压值变化曲线

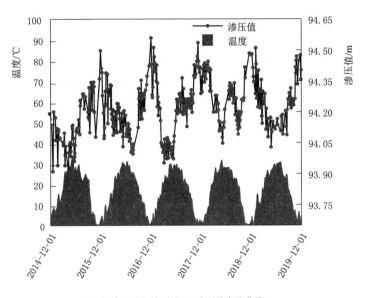

（c）温度影响与渗压计PB1渗压值变化曲线

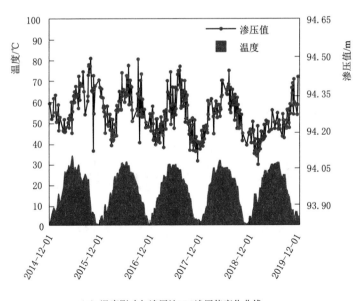

（d）温度影响与渗压计PB2渗压值变化曲线

图 3.4（二） 长序列渗压值变化曲线

另外，本模型存在以下优势：实现了对历史信息的记忆，通过记忆单元存储、写入或读取信息，各单元可通过门的开关判定存储哪些信息，以及何时允许读取、写入或清除信息，更智能地实现对时序数据的预测与分析，即在考虑输入与输出之间的相关性的基础上，考虑了环境变量的滞后性与渗压、沉降数据的时效性，更利于对渗压、沉降数据的预测。

3.4　预测结果

根据上述内容，此节选用某处渠段的监控数据，进行相应的数据计算，以渠内水位、温度变化及时效参量等作为模型的输入层，以渗压值、沉降值为输出层，并通过 Matlab 程序实现输入与输出之间的联系。

以渗压计 PB3、PB4 为例，其数据变化如图 3.5 和图 3.6 所示，其预测结果如图 3.7～图 3.10 所示。

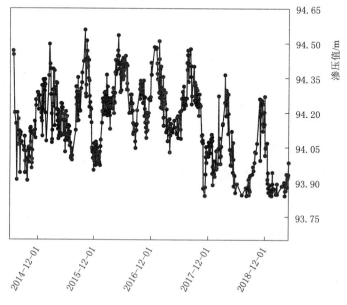

图 3.5　PB3 长序列渗压值变化曲线

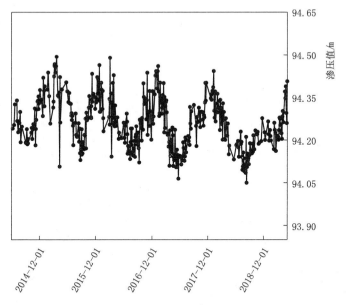

图 3.6 PB4 长序列渗压值变化曲线

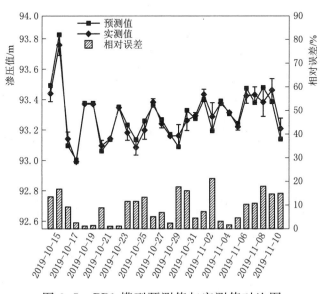

图 3.7 PB1 模型预测值与实测值对比图

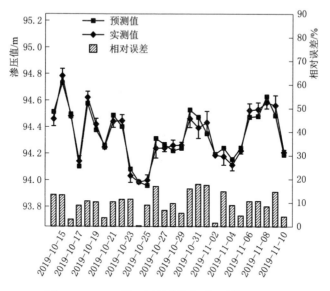

图 3.8　PB2 模型预测值与实测值对比图

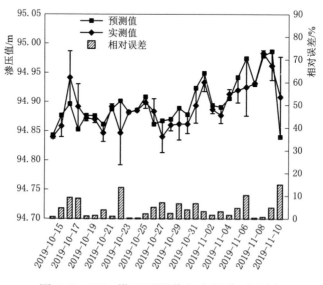

图 3.9　PB3 模型预测值与实测值对比图

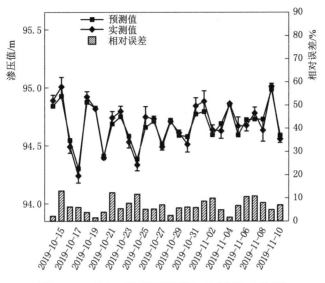

图 3.10　PB4 模型预测值与实测值对比图

因沉降仪数据较多，故采用部分监测点数据绘图表述，预测结果具体如图 3.11～图 3.13 所示。

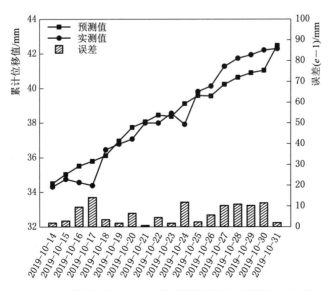

图 3.11　沉降仪 LDB3 模型预测值与实测值对比图

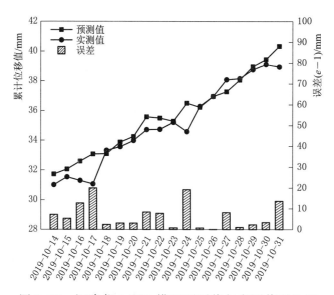

图 3.12 沉降仪 LDB4 模型预测值与实测值对比图

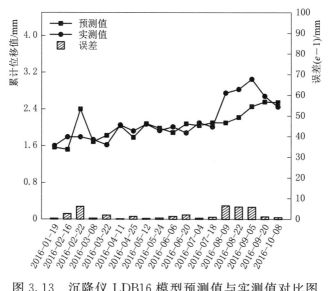

图 3.13 沉降仪 LDB16 模型预测值与实测值对比图

第 4 章

单项目单点的多因素时效模型的建立

环境因素时效模型主要依据"监控指标值"确立,根据具体的指标类型进行单双边考虑,并将其作为渠道安全诊断技术环境因素的数据标准集。

因渗压值数据在变化过程中受时效因素的影响,故在时效模型的建立过程中,其数据范围应在大量的实测数据基础上结合监控指标值方法与云模型理论方法确立,随着时间的变化,不断输入并更新数据,结合运用有限元仿真模型,采用相关的理论与方法,以各种极端情形作为边界条件,进行多次的数值仿真计算与分析,进而确定出渠道安全的异常阈值,最后在此基础上,建立起相应的渗流时效模型,并将其作为渠道渗流安全诊断技术的表征因素数据标准集。

沉降变化值数据在变化过程中亦受时效因素的影响,故在时效模型建立过程中,其数据范围应在大量的实测数据基础上结合监控指标值方法与云模型理论方法确立,随着时间的变化,不断输入并更新数据,结合相关标准,建立起相应的沉降变化值的时效模型,并将其作为渠道沉降安全诊断技术的表征因素数据标准集。

检测信息内容部分主要是针对地质雷达、高密度电法以及面波法这三种方法的原理进行了基本介绍,并对土体异常情况做出了相关的描述。结合检测信息结果,进行多因素时效模型的修正。

4.1　环境因素时效模型标准的确立

4.1.1　监控指标值理论分析

在现有工程中,通常选用监控指标值来衡量工程运行是否正常与安全。以渗流安全为例,通过对现有的渗压计数据进行分析与拟合,建立相应的数学统计模型,实现对渗压值数据的趋势性与时效性的分析,并在与实测值数据对比后,借助模型剩余标准差确立模型监控指标值的取值范围,进而结合工程实际运行情况与工程可靠度理论,划分等级标准。

一般认为，当实测值在监控指标规定的范围以内时，工程处于正常情况，否则就有破坏的可能。具体公式如下：

$$\hat{y} = f(x_1, x_2, \cdots, x_n) \tag{4.1}$$

$$[y] = \hat{y} \pm \varepsilon = f(x_1, x_2, \cdots, x_n) \pm \varepsilon \tag{4.2}$$

式中：$[y]$ 为监测量 y 的监控指标界限；$\hat{y}$ 为监测量 y 的统计估计值；x_i 为影响监测量 y 的主要环境因素变量；ε 为置信带宽。

当采用监控模型法确定监控指标时，可取 $\varepsilon = pS$，其中 $p = 2 \sim 3$，S 为模型剩余标准差，计算公式如下：

$$S = \sqrt{\frac{\sum\limits_{i=1}^{n} (y_i - \hat{y}_i)^2}{n - k - 1}} \tag{4.3}$$

式中：n 为模型中实测效应量总数；k 为实测效应量的自由度。

可得

$$[y] = f(x_1, x_2, \cdots, x_n) \pm pS \tag{4.4}$$

根据评价指标值与可靠度理论，可将工程安全层次划分为 5 个区域，以 $\hat{y}$ 为中心在其上下两边考虑观测值的偏离来划分区域。对于那些测值过大或过小都非正常表现的观测项目如垂直位移等，y 值分区应做双边考虑；而对于那些测值偏大才有问题，测值偏小反而有利的观测项目，如渗压值等，y 值分区宜只做偏大的单边考虑。具体见式（4.5）、式（4.6）和图 4.1，其中，式（4.5）为单边情况，式（4.6）为双边情况。

$$\left. \begin{aligned} &A\ \text{区}：y \leqslant [y_{max}]，\text{且}\ y \leqslant \hat{y} + S \\ &B\ \text{区}：y \leqslant [y_{max}]，\text{且}\ \hat{y} + S \leqslant y \leqslant \hat{y} + 2S \\ &C\ \text{区}：y \leqslant [y_{max}]，\text{且}\ y > \hat{y} + 2S \\ &D\ \text{区}：y > [y_{max}]，\text{且}\ y \leqslant \hat{y} + 2S \\ &E\ \text{区}：y > [y_{max}]，\text{且}\ y > \hat{y} + 2S \end{aligned} \right\} \tag{4.5}$$

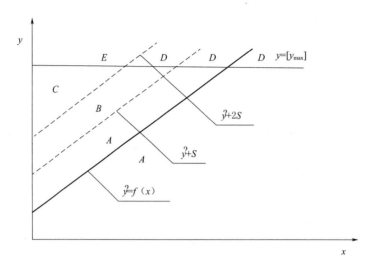

（a）单边情况

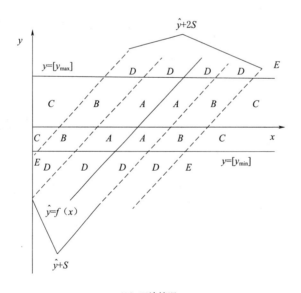

（b）双边情况

图 4.1　评价指标的数值表现

A 区:$\left[y_{\min}\right] \leqslant y \leqslant \left[y_{\max}\right]$,且 $\hat{y} - S \leqslant y \leqslant \hat{y} + S$

B 区:$\left[y_{\min}\right] \leqslant y \leqslant \left[y_{\max}\right]$,且 $\hat{y} + S \leqslant y \leqslant \hat{y} + 2S$ 或 $\hat{y} - 2S \leqslant y \leqslant \hat{y} - S$

C 区:$\left[y_{\min}\right] \leqslant y \leqslant \left[y_{\max}\right]$,且 $y > \hat{y} + 2S$ 或 $y < \hat{y} - 2S$

D 区:$y > \left[y_{\max}\right]$ 或 $y < \left[y_{\min}\right]$,且 $y \leqslant \hat{y} + 2S$ 或 $y \geqslant \hat{y} - 2S$

E 区:$y > \left[y_{\max}\right]$ 或 $y < \left[y_{\min}\right]$,且 $y > \hat{y} + 2S$ 或 $y < \hat{y} - 2S$

$$(4.6)$$

结合 3.2 节、3.3 节内容可知,本书所确立的指标体系具体的单双边情况见表 4.1。

表 4.1
单 双 边 情 况

项目	环境因素			表征因素	
单边情况	渠内水位	降雨量	地下水位	渗压值	沉降变化值
双边情况	温度				

4.1.2 环境因素模型标准的确立与分析

因渠内水位、降雨量、温度及地下水位等均为影响渠道渗流、沉降安全的重要影响因素,而渠内水位数据、降雨量、温度变化及地下水位数据都可通过一定的监测仪器获得,故确定渠内水位、降雨、温度及地下水位等指标等级标准值的过程可依据工程实际与具体的实测数据,结合上述方法实现。基于实测数据,分析数据随时间的变化规律,在工程现有的安全运行的情况下,通过计算现有数据的均值与方差值,并结合工程设计报告,实现环境因素等级标准集的确立。具体过程如下。

1. 渠内水位等级标准

对于渠道水流而言,其水位通常都会保持稳定,数据的上下变化幅度并不大。但在渠道设计过程中,水位数据应设有相应的警戒水位,若渠内水位数据高于警戒水位，则表明渠道存在安全隐患，需进行渠道安全评价。故此处选用警戒水位值为 $[y_{max}]$，并通过对多年的实测数据进行计算，在获得水位数据均值 $\bar{y}$、标准差数值 S、历史最大水位 y_{max}、最小水位 y_{min} 后，确立相应的等级标准，具体见表 4.2。

表 4.2　　　　　　水 位 数 据 等 级 标 准

等级	等级标准
安全度 75%～100%	$y \leqslant [y_{max}]$，且 $y_{min} \leqslant y \leqslant \bar{y} + S$
安全度 50%～75%	$y \leqslant [y_{max}]$，且 $\bar{y} + S \leqslant y \leqslant \bar{y} + 2S$
安全度 25%～50%	$y \leqslant [y_{max}]$，且 $\bar{y} + 2S \leqslant y \leqslant y_{max}$
安全度 0%～25%	$y \leqslant [y_{max}]$，且 $y \geqslant y_{max}$

注　表中 y 为实测数据。

2. 降雨等级标准

对于渠道降雨而言，降雨量的变化通常会随季节的变化而出现周期性变化，数据的上下变化幅度较大，因此需对周期性降雨量的实测数据进行计算。故在实现等级标准划分时，主要针对降雨数据进行计算，由此得降雨均值 $\bar{y}$、标准差数值 S，并结合多年最大单日降雨量数值 y_{max}、最小降雨量数值 y_{min}、设计或校核下最大降雨峰值 $[y_{max}]$，以实现等级标准的确立。因单日的降雨量越小越好，故亦做单边考虑，具体见表 4.3。

表 4.3　　　　　　降 雨 等 级 标 准

等级	等级标准
安全度 75%～100%	$y \leqslant [y_{max}]$，且 $y_{min} \leqslant y \leqslant \bar{y} + S$
安全度 50%～75%	$y \leqslant [y_{max}]$，且 $\bar{y} + S \leqslant y \leqslant \bar{y} + 2S$
安全度 25%～50%	$y \leqslant [y_{max}]$，且 $\bar{y} + 2S \leqslant y \leqslant y_{max}$
安全度 0%～25%	$y \leqslant [y_{max}]$，且 $y \geqslant y_{max}$

注　表中 y 为实测数据。

3. 温度等级标准

渠道周边的温度通常会随季节的变化而出现周期性变化，其数据的上下变化幅度较大，且因温度作用存在温升、温降的过程，因此需将多年的温度数据变化转化为温升与温降时期的数据进行计算，由此可获得两个时期的平均温度 $\bar{y}$、标准差数值 S，结合最高、最低温度数值，可实现等级标准的确立，故需做双边考虑。具体见表 4.4 和表 4.5。

表 4.4 温降情况下温度等级标准

等级	等级标准
安全度 $75\%\sim100\%$	$\bar{y}\geqslant[y_{\min}]$，且 $\bar{y}-S\leqslant y\leqslant y_{温降\max}$
安全度 $50\%\sim75\%$	$\bar{y}\geqslant[y_{\min}]$，且 $\bar{y}-2S\leqslant y\leqslant\bar{y}-S$
安全度 $25\%\sim50\%$	$\bar{y}\geqslant[y_{\min}]$，且 $y_{温降\min}\leqslant y<\bar{y}-2S$
安全度 $0\%\sim25\%$	$\bar{y}\geqslant[y_{\min}]$，且 $y<y_{温降\min}$

注 $[y_{\min}]$ 为下限温度；$y_{温降\max}$、$y_{温降\min}$ 分别为温降时期历史最高温度、最低温度，其中温降为一年中温度较低的时候。

表 4.5 温升情况下温度等级标准

等级	等级标准
安全度 $75\%\sim100\%$	$\bar{y}\leqslant[y_{\max}]$，且 $y_{温升\min}\leqslant y\leqslant\bar{y}+S$
安全度 $50\%\sim75\%$	$\bar{y}\leqslant[y_{\max}]$，且 $\bar{y}+S\leqslant y\leqslant\bar{y}+2S$
安全度 $25\%\sim50\%$	$\bar{y}\leqslant[y_{\max}]$，且 $\bar{y}+2S\leqslant y\leqslant y_{温升\max}$
安全度 $0\%\sim25\%$	$\bar{y}\leqslant[y_{\max}]$，且 $y\geqslant y_{温升\max}$

注 $[y_{\max}]$ 为上限温度；$y_{温升\max}$、$y_{温升\min}$ 分别为温升时期历史数据最高、最低温度数值，其中温升为一年中温度较高的时候。

4. 地下水位等级标准

对于深挖方渠道而言，其地下水位与渠内水位类似，通常都会保持稳定，其数据的上下变化较小。而在渠道设计过程中，地下水位数据亦设有相应的警戒水位，故地下水位数据等级标准的确立与渠内水位数据相似，同样为单边考虑，具体见表 4.6。

表 4.6 地下水位数据等级标准

等级	等级标准
安全度 $75\% \sim 100\%$	$y \leqslant [y_{max}]$，且 $y_{min} \leqslant y \leqslant \bar{y} + S$
安全度 $50\% \sim 75\%$	$y \leqslant [y_{max}]$，且 $\bar{y} + S \leqslant y \leqslant \bar{y} + 2S$
安全度 $25\% \sim 50\%$	$y \leqslant [y_{max}]$，且 $\bar{y} + 2S \leqslant y \leqslant y_{max}$
安全度 $0\% \sim 25\%$	$y \leqslant [y_{max}]$，且 $y \geqslant y_{max}$

注 y 为实测值；$\bar{y}$ 为地下水位数据均值；y_{max}、y_{min} 分别为地下水位数据历史数据最大、最小值；$[y_{max}]$ 为地下水位警戒值；S 为监测数据标准差。

4.2 表征因素模型标准的建立

由上述分析可知，相对于水位、降雨量、温度等数据的变化，渗压值数据与沉降变化值数据均存在着一定的不确定性，如渗压值即孔隙水压力，其数据的变化代表着土体渗透压力值的变化，而渗透压力值又是表明渗流是否稳定的主要参考值。孔隙水压力主要依靠渗压计测定，但渗压计又易受周边土体因素影响，其数值变化不一；同时，孔隙水压力数值变化又与渠道水位、降雨量等数据密切相关，因此孔隙水压力数据的变化因外部条件的变化而存在着较大的不确定性。在制定渗流与沉降安全等级标准过程中，结合考虑该不确定性的客观存在，将定量数据转化成定性的概念，再根据定性概念的表达确定相应的数值，从而实现定性概念与定量数据的相结合。

云模型理论可将数据中蕴含的不确定性用云模型的云数字特征表达。故可利用云模型这一理论方法结合现有评价数值确定的方法，依据渠道渗流安全的异常阈值与沉降数据标准，实现渗流与沉降安全评价等级标准值的确立。此外，因渗压值、沉降变化值还会因渗压计、沉降仪仪器本身的因素而产生一定的波动，故在确立渗压值、沉降变化值动态等级标准的过程中，需假设所有渗压计、沉降仪均保持精度一致，状态相同，且监测数据的变化均是由渗流状态、沉降变化所引起的。

4.2.1　云模型理论分析

云模型理论（cloud model theory）是李德毅院士[76]等在传统模糊集理论和概率统计理论的基础上提出的一种专门研究复合不确定性的现代数学理论[77]，可较好地描述变量的随机性和模糊性及其关联性，实现定性与定量不确定性之间的映射和转换，目前已在多个领域的状态诊断和综合评价中得到应用[78-79]。

云数字特征和云发生器是云模型理论的两个核心内容。设 U 是一个用数值表示的定量论域，C 是 U 上的定性概念，若定量数值 $x \in U$ 是定性概念 C 的一次随机实现，x 对 C 的确定度 $\mu(x) \in [0,1]$ 是有稳定倾向的随机数，即

$$\mu: \quad U \to [0,1], \quad \forall x \in U, \quad x \to \mu(x) \tag{4.7}$$

则 x 在论域 U 上的分布称为云模型，简称云（cloud），记为 $C(x)$；每一个 x 称为一个云滴（cloud drop）。

云模型用期望 Ex、熵 En 和超熵 He 3 个数字特征来整体表征一个概念，如图 4.2 所示。其中：期望 Ex 是云滴在论域空间分布的中心值，是最能够代表定性概念的点；熵 En 是定性概念不确定性的量度，由概念的随机性和模糊性共同决定，不仅反映了云滴的离散程度，也反映了定性概念的亦此亦彼性；超熵 He 是熵的不确定性量度，即熵的熵，由熵的随机性和模糊性共同决定，主要反映定性概念中不确定性的凝聚性。

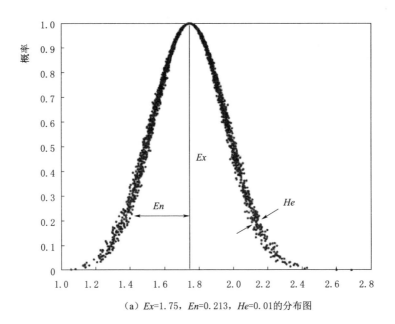

（a）*Ex*=1.75，*En*=0.213，*He*=0.01的分布图

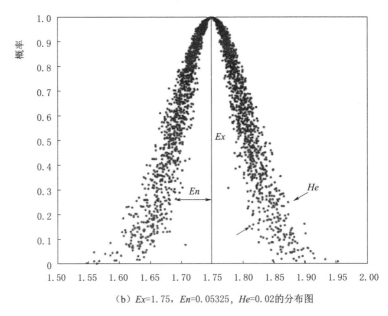

（b）*Ex*=1.75，*En*=0.05325，*He*=0.02的分布图

图 4.2（一）　云的数字特征示意图

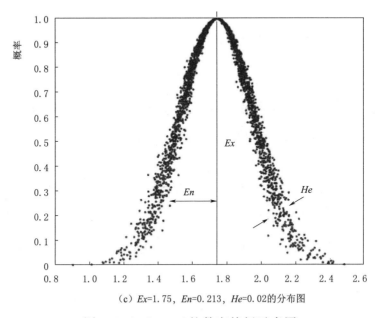

（c）Ex=1.75，En=0.213，He=0.02的分布图

图4.2（二）　云的数字特征示意图

云发生器是云模型中定性概念与定量数据之间相互转换的特定算法。正向云发生器实现从定性概念到定量数值的转换，由云的数字特征（Ex、En、He）产生云滴，如图4.3所示；逆向云发生器实现从定量数值到定性概念的转换，它将精确的数据转换为以云数字特征（Ex、En、He）表示的定性概念，如图4.4所示。

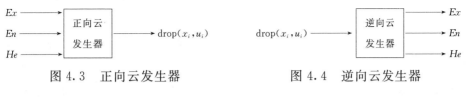

图4.3　正向云发生器　　　　图4.4　逆向云发生器

具体算法如下。

（1）根据x_i计算基础数据的样本均值$\bar{x} = \dfrac{1}{n}\sum_{i=1}^{n} x_i$，一阶样本绝对中心距为$\dfrac{1}{n}\sum_{i=1}^{n} |x_i - \bar{x}|$，样本方差$S^2 = \dfrac{1}{n-1}\sum_{i=1}^{n} (x_i - \bar{x})^2$。

(2) $Ex = \bar{x}$ 。

(3) $En = \sqrt{\dfrac{\pi}{2}} \dfrac{1}{n} \sum_{i=1}^{n} |x_i - Ex|$ 。

(4) $He = \sqrt{|S^2 - En^2|}$ 。

超熵 He 的存在使云模型分布存在两种状态：当 He 取值较小时，云滴将呈泛正态分布状态，在极端情况下，即当 He 取值为 0 时，离散的云滴将勾勒出正态分布的形态；随着 He 的不断增大，云滴的分布不再局限于类似正态分布的现象，反而会逐渐打破正态分布期望曲线的局限，呈现出核心云滴逐渐集中，而外围云滴则为分散的状态，这种变化可称为云模型的雾化状态。相关研究表明[80]，当 $He < \dfrac{En}{3}$ 时，99.7％的云滴将会落在曲线 $y_1 = \exp\left[-\dfrac{(x-Ex)^2}{2(En+3He)^2}\right]$ 和 $y_2 = \exp\left[-\dfrac{(x-Ex)^2}{2(En-3He)^2}\right]$ 所围的区间内，而当 $He > \dfrac{En}{3}$ 时，云模型便开始呈现雾化状态，此时，部分云滴将会逐渐逃离曲线 $y_1 = \exp\left[-\dfrac{(x-Ex)^2}{2(En+3He)^2}\right]$ 和 $y_2 = \exp\left[-\dfrac{(x-Ex)^2}{2(En-3He)^2}\right]$ 所夹范围。故云模型的形态在 $He = \dfrac{En}{3}$ 时出现分界，即 $He < \dfrac{En}{3}$ 时，云滴呈现出泛正态状态，$He > \dfrac{En}{3}$ 时，则呈现雾化状态。

此外，云模型理论根据云滴分布情况，提出了正态分布下的云滴的"$3En$ 规则"，如图 4.5 所示。对于论域 U 而言，对定性概念有贡献的定量值，主要落在区间 $[Ex - 3En, Ex + 3En]$ 范围内，且该区间内的数据对定性概念的贡献约占全部数据的 99.74％；区间 $[Ex - 0.67En, Ex + 0.67En]$ 内的数据元素虽然数据量仅占了全部定量数据的 22.33％，但其对体现数据的不确定性的定性概念的表达贡献将会占总贡献的 50％；区间 $[Ex - En, Ex + En]$ 内的元素占全部元素的

33.33％，而其对定性概念的贡献约为总贡献的 68.26％；区间范围 $[Ex-2En,Ex-En]$ 和 $[Ex+En,Ex+2En]$ 的元素占全部数据总量的 33.33％，但其贡献率仅为 27.18％；而区间 $[Ex-3En,Ex-2En]$ 和 $[Ex+2En,Ex+3En]$ 内的元素约为全部数据的 33.33％，但它们的贡献仅占总贡献的 4.3％；此外，$[Ex-3En,Ex+3En]$ 区间之外的定量值对定性概念的贡献几乎可以忽略不计。而当云滴分布呈雾化状态时，云滴分布亦有中心聚集或是局部云滴聚集成团的情况，但无法确定具体的数据对定性概念的贡献。

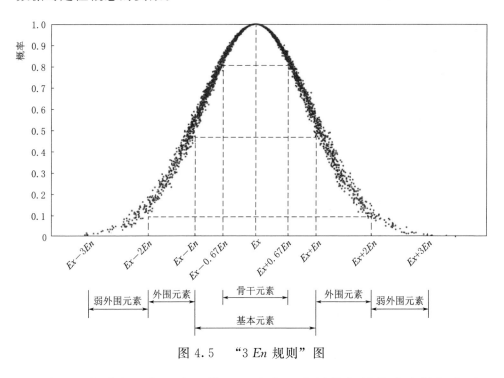

图 4.5 "3 En 规则"图

由以上的分析可知，在云模型理论实现定量数据转化为定性概念时，其核心的思想就是运用定性概念云数字特征来表明定量数据中所蕴含的不确定性。由相关文献内容可知，超熵的变化是影响云模型分布情况的主要因素。一般而言，超熵越大，表明该数据的不确定性就越大，数据的分布就越紊乱，就越难以保证数据变化的规律性。而期望与熵所确定的区间范围又决定着各部分数据对定性概念贡献的大小，因此在确立表征因素动态等级标准时，主要是将表示定性概念的云数字特征视为具体的数值，并通过分析渗压值、沉降变化值与云模型理论之间的适用性确立表征因素的等级标准。

4.2.2　渠道工程安全异常数据模型的建立

根据南水北调中线工程运行安全的具体要求，渠道工程渗流安全异常情形主要包括渠道的渗漏、渗透变形等。本次异常模式的分析，首先应依据现有南水北调各类监测成果和运行情况，结合设计情况及类似工程经验，确定渠道的关键性能参数。在此基础上，利用渗流等应用成熟的理论与算法，通过数值仿真及理论分析等手段，确定渠道异常时的异常阈值。

根据南水北调中线工程的特点，确定的 6 种异常模式如下：

（1）南水北调中线工程高填方渠段渗流异常模式，以潮河段高填方工程［桩号 SH（3）139+088］为例。

（2）南水北调中线工程高填方渠段稳定异常模式，以潮河段高填方工程［桩号 SH（3）139+088］为例。

（3）南水北调中线工程深挖方渠段渗流异常模式，以潮河段深挖方工程［桩号 SH（3）142+699］为例，见图 4.7。

（4）南水北调中线工程深挖方渠段稳定异常模式，以潮河段深挖方工程［桩号 SH（3）142+699］为例。

（5）南水北调中线工程膨胀土渠段渗流异常模式，以潞王坟段（SY0+650）为例，见图 4.8。

（6）南水北调中线工程膨胀土渠段稳定异常模式，以潞王坟段（SY0+650）为例。

潮河段高填方渠段技术路线如图 4.6 所示，渗流计算过程及异常判别介绍见本书 4.2.2 节～4.2.4 节，边坡稳定计算过程及异常判别可见附录 B。

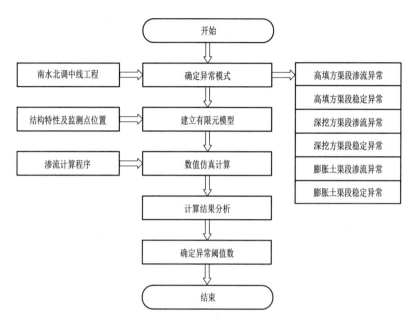

图 4.6 潮河段高填方渠段技术路线图

图 4.7 潮河段深挖方渠段

图 4.8　潞王坟试验段渠道

4.2.2.1　工程安全计算理论

1. 无压渗流场数学模型

根据水流的连续性条件和广义达西定律，非均质各向异性多孔介质的稳定饱和渗流问题的控制方程为

$$\frac{\partial}{\partial x_1}\left(k_{ij}\frac{\partial h}{\partial x_i}\right) = \bar{Q} = 0 \tag{4.8}$$

式中：x_i 为空间坐标，$i = 1，2，3$；k_{ij} 为饱和渗透系数张量；h 为包含位置水头和压力水头的总水头；$\bar{Q}$ 为渗流分析区域中的源汇项。

边界条件（图 4.9）为

$$h\mid_{\Gamma_1} = h_1$$
$$-k_{ij}(\partial h/\partial x_j)n_i\mid_{\Gamma_2} = q_n$$
$$-k_{ij}(\partial h/\partial x_j)n_i\mid_{\Gamma_3} \geqslant 0，\quad h\mid_{\Gamma_3} = x_3$$
$$-k_{ij}(\partial h/\partial x_j)n_i\mid_{\Gamma_4} = 0，\quad h\mid_{\Gamma_4} = x_3$$

式中：h_1 为已知水头函数；n_i 为边界面外法线方向余弦，$i = 1，2，3$；Γ_1、Γ_2 分别为第一类水头边界和第二类流量边界；Γ_3 为饱和逸出面边界；Γ_4 为渗流自由面边界，由于 Γ_3、Γ_4 事先是未知的，需要迭代求解；

q_n 为边界法向流量函数值，这里以流出为正。

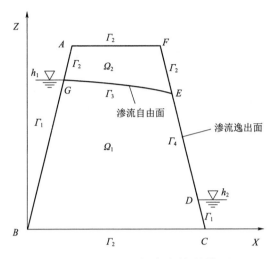

图 4.9 无压稳定渗流数学模型

2. 改进节点虚流量法

对于渠道渗流问题，提出节点虚流量法，为求不变网格的有自由面渗流问题开辟了新思路。以图 4.9 所示渗流数学模型为例，自由面 GE 将整个计算域 Ω 分为实域 Ω_1 和虚域 Ω_2。由于自由面和逸出点的位置都是未知的，需要通过多步迭代来求解。根据 Galerkin 加权余量法求解式 (4.8) 的数学模型，获得相应的有限元求解的支配方程：

$$\left.\begin{array}{l}[K]\,\{h\} = \{Q\} - \{Q_2\} + \{\Delta Q\} + \{\Delta Q\} \\ \{\Delta Q\} = [K_2]\,\{h\}\end{array}\right\} \tag{4.9}$$

式中：$[K]$、$[K_2]$ 分别为引入边界条件后的计算域全域及虚域分别贡献的整体渗透矩阵；$\{h\}$ 为未知节点的水头列阵；$\{Q\}$、$\{Q_2\}$ 分别为已知水头节点、内部源汇项和流量边界对计算域的全域、虚域贡献的流量列阵。

式 (4.9) 即为节点虚流量法的基本迭代格式。其中 $[K]$ 只需要形成一次，$\{Q_2\}$ 只由逸出部位的过渡单元贡献，一般远小于 $\{Q\}$，可以忽略。因此节点虚流量法的关键在于每一迭代步中对 $\{\Delta Q\}$ 的修正，即关键在于对 $[K_2]$ 的求解。根据 $[K_2]$ 的意义，它主要有两部分贡献，一部分是纯虚单元，另一部分是过渡单元中的虚区。前者容易求得，后者由于被自由面截成两部分，比较难以求解。因此，为提高 $[K_2]$ 的计算精度，引入加密高斯点技术和连续的罚函数来求解过渡单元虚区贡献的传导矩阵 $[K]^\varepsilon$。此外，在有限单元法中，对单元传导矩阵的求解一般都是转化为对相应等参单元的传导矩阵的求解，则有

$$[K]^\varepsilon = \sum_i^{n_g} \sum_j^{n_g} \sum_m^{n_g} W_i W_j W_m [1 - H_\varepsilon(p)] F(\xi_i, \eta_j, \zeta_m) \qquad (4.10)$$

式中：n_g 为每一坐标方向加密高斯点个数，目前可以将 n_g 增大到 7，其实质是将自由面附近的网格单元细化，更好地满足工程应用的精度需要；W_i、W_j、W_m 分别为每向坐标的权重值；$F(\xi_i, \eta_j, \zeta_m)$ 为被积函数；(ξ_i, η_j, ζ_m) 为高斯点坐标；$H_\varepsilon(p)$ 为连续罚函数，用于克服运用加密高斯点方法求解 $[K]^\varepsilon$ 会出现的对过渡单元的贡献考虑不周的现象。

改进节点虚流量法的有限元求解支配方程与式（4.9）一致，只是在求解关键矩阵 $[K_2]$ 时，引入了加密高斯点法和连续的罚函数，这样就可以在网格单元尺寸较大（这一现象在实际工程有限元渗流分析中比较常见）时，仍然能够取得较好的精度。

3. 无厚度的裂缝单元模型

水流在较为光滑、等宽的面板垂直缝中的渗流行为可以用立方定律来描述，即

$$v = \frac{g b_f^2}{12\mu} I = k_f I \qquad (4.11)$$

$$q = v b_f = k_f b_f I \qquad (4.12)$$

式（4.11）和式（4.12）中：v 为裂缝中的平均流速；b_f 为裂缝的水力等效隙宽；I 为裂缝中的水力梯度；q 为裂缝中的单宽流量；k_f 为裂缝中的水力等效渗透系数；μ 为黏性系数；g 为重力加速度。

本书采用这种无厚度的裂缝单元来模拟混凝土面板的垂直缝。因为

缝面的水力等效隙宽很小，法向的透水能力远大于混凝土本体的透水能力，缝面法向水头损失非常小，因此可以假设裂缝中的水流为准二维的渗流。于是裂缝中的渗流满足：

$$-\frac{\partial}{\partial x_i^{\mathrm{f}}}\left[k_{ij}^{\mathrm{f}}\frac{\partial h}{\partial x_j^{\mathrm{f}}}\right]=0 \quad (i,j=1,2) \tag{4.13}$$

式中：x_i^{f} 为与裂缝相关的局部坐标；k_{ij}^{f} 为裂缝平面单元的二维渗透张量，可以用来反映裂缝的渗透各向异性和透水能力。

于是裂缝平面单元 e 的传导矩阵计算式为

$$k^{\mathrm{f}e}=\int_{s^{\mathrm{f}}}\left(k_{11}^{\mathrm{f}}\frac{\partial N_i}{\partial x_1^{\mathrm{f}}}\frac{\partial N_j}{\partial x_1^{\mathrm{f}}}+2k_{12}^{\mathrm{f}}\frac{\partial N_i}{\partial x_1^{\mathrm{f}}}\frac{\partial N_j}{\partial x_1^{\mathrm{f}}}+k_{22}^{\mathrm{f}}\frac{\partial N_i}{\partial x_1^{\mathrm{f}}}\frac{\partial N_j}{\partial x_1^{\mathrm{f}}}\right)\mathrm{d}s \quad (i,j=1,2,\cdots,m)$$

$$\tag{4.14}$$

式中：s^{f} 为裂缝单元域；N_i 和 N_j 为裂缝缝面单元插值函数；m 为缝面单元的节点数。

得到每个裂缝单元的传导矩阵之后，与面板堆石坝坝体其他单元一样，按要求进行组装。这种裂缝单元对面板堆石坝坝区渗流特性的影响通过水头连续条件和流量平衡条件来实现。水头连续条件为裂缝平面单元任一点处的水头与裂缝壁面上的水头相同；流量平衡是指包含裂缝在内的计算域内任一节点都要满足等效节点流量法中提出的流量平衡条件。

4. 渗流量计算

为了提高渗流量的计算精度，本次计算采用"等效结点流量法"来计算渗流量 Q_s。从理论上而言，该法的计算精度与渗流场水头解的计算精度相同，见式（4.15）：

$$Q_s=-\sum_{i-1}^{n}\sum_{e}\sum_{j-1}^{m}k_{ij}^e h_j^e \tag{4.15}$$

式中：n 为过水断面 S 上的总结点数；$\sum_e$ 为对计算域中位于过水断面 S 一侧环绕结点 i 的所有单元的求和；m 为单元结点数；k_{ij}^e 为单元 e 的传导矩阵 $[k^e]$ 中第 i 行 j 列交叉点位置上的传导系数；h_j^e 为单元 e 上第 j 个结点的总水头值。

该法避开了对渗流场水头函数的微分运算，而是把渗过某一过流断面 S 的渗流量 Q_s 直接表达成相关单元结点水头与单元传导矩阵传导系数的乘积的代数和，进而大大提高了达西渗流量的计算精度，解决了长期以来有限单元法渗流场分析时渗流量计算精度不高的问题。

4.2.2.2　计算网格模型及条件

1. 单元形式

对计算空间域 R 采用两种等参元进行剖分：8 结点六面体等参单元和 6 结点五面体单元。

8 结点六面体单元的形函数为

$$N_i = \frac{1}{8}(1+\xi_i\xi)(1+\eta_i\eta)(1+\zeta_i\zeta) \quad (i=1,2,\cdots,8) \tag{4.16}$$

式中：(ξ_i,η_i,ζ_i) 为单元 8 个结点的局部坐标。

6 结点五面体单元的形函数为

$$N_1 = \frac{1}{2}(1+\zeta)(1-\xi-\eta) \tag{4.17}$$

$$N_2 = \frac{1}{2}(1+\zeta)\xi \tag{4.18}$$

$$N_3 = \frac{1}{2}(1+\zeta)\eta \tag{4.19}$$

$$N_4 = \frac{1}{2}(1-\zeta)(1-\xi-\eta) \tag{4.20}$$

$$N_5 = \frac{1}{2}(1-\zeta)\xi \tag{4.21}$$

$$N_6 = \frac{1}{2}(1-\zeta)\eta \tag{4.22}$$

2. 网格模型

针对南水北调工程安全异常数据模型构建的要求，建立了渠道高填方段和挖方段的不同数值模型，进行工程异常阈值的分析计算。根据所研究结构的型式、监测点的布置以及计算精度等要求，进行有限元网格的剖分，各模型结点单元信息见表 4.7。

表 4.7　　　　　　　　　　数值模型结点单元信息表

项目	高填方	深挖方	倒虹吸	渡槽	暗渠	膨胀土
结点数	89399	60039	39663	51287	58848	75508
单元数	83738	56805	32592	46342	46301	68921

高填方渠段均采用混凝土衬砌及全断面铺设复合土工膜（$600g/cm^2$）作为防渗材料。虽都采用了混凝土衬砌以及复合土工膜作为防渗材料，但如果防渗材料受到破坏，渠内水向外渗漏，可能造成渗透破坏与失稳破坏。高填方渠段有限元数值分析网格如图 4.10 所示。深挖方渠段的防渗体系与高填方类似，但需要考虑地下水位的作用，如果防渗体系失效，可能会发生渠道水向土体渗透的情况，也可能会发生地下水向渠道渗透的情况。这两种情况导致的破坏不相同，渠道水向土体渗透会导致水量损失甚至失稳，而地下水向渠道渗透则会污染渠道水质，引起面板顶托破坏等情形。深挖方渠段有限元数值分析网格如图 4.11 所示。

3. 计算条件

渠道的异常情形主要有：①暴雨导致地下水位急剧升高、土体有效应力降低、渠道底板顶托渗流破坏或者滑坡失稳；②因调度问题，渠道水位下降，导致内外水头差增大，引起渗流问题。

渠道工程安全问题主要是渗流与稳定问题。在进行数值分析时，假设渠道施工质量完全满足设计要求，通过改变边界条件，确定极端情况下渠道是否出现渗漏、渗透破坏、面板顶托、边坡失稳等情形。

对于高填方渠段，首先根据渠内水位、渗压计监测数据以及工程土体情况，反分析获得渠道土体的渗透系数，确定 c、φ 值。在此基础上，确定数值分析条件：①基本条件，渠内水位为加大水位和设计水位，堤外无水；②可变条件，发生面板接缝失效、土工膜逐渐破坏、

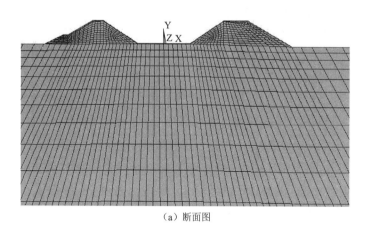

（a）断面图

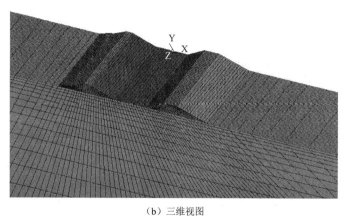

（b）三维视图

图 4.10　高填方渠段有限元网格模型

暴雨入渗等极端情形，由此获得异常情况下的渗压值，并反馈到监测点，从而确定异常阈值。

对于深挖方渠段，首先根据渠内水位、渗压计监测数据以及工程土体情况，反分析获得渠道土体的平均渗透系数，估算可能的地下水位，确定平均的 c、φ 值。在此基础上，确定数值分析条件：①基本条件，渠内水位为加大水位和设计水位；②可变条件，发生面板接缝失效、土工膜逐渐破坏、地下水位急剧升高等极端情形，由此获得异常情况下的渗压值，并反馈到监测点，从而确定异常阈值。

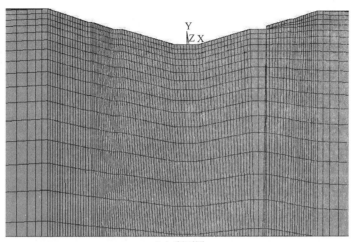

（a）断面图

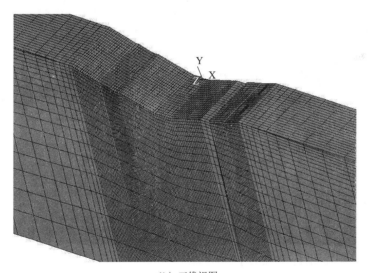

（b）三维视图

图 4.11 深挖方渠段有限元网格模型

计算时，设定主要计算参数，见表 4.8 和表 4.9。

表 4.8 渠道仿真计算时的主要参数

序号	渠道类型	工程对象	渠道等效渗透系数 $k/(cm/s)$	黏聚力 c/kPa	内摩擦角 $\varphi/(°)$	平均容重 $/(kg/m^3)$
1	高填方	潮河段	1.65×10^{-4}	10.5	35.4	1620
2	深挖方	潮河段	7.35×10^{-3}	6.3	38.3	1460
3	膨胀土	潞王坟	4.45×10^{-4}	68.5	18.2	1530

表 4.9 除填土外渠道其他部位渗透系数 单位：cm/s

部位	复合土工膜	保温板	砂砾料垫层	C20 混凝土衬砌板	混凝土面板接缝处	地基
渗透系数	1.0×10^{-8}	6.5×10^{-4}	3.96×10^{-2}	1.0×10^{-7}	5.87×10^{-2}	7.56×10^{-4}

4.2.2.3 渗流异常特征与判断标准

渗流是指流体通过多孔介质的流动。工程运行期间，防渗体系（如渠道的土工膜、隧洞的衬砌面板）正常发挥作用时，渗流通道受到阻隔，可有效降低浸润线，大幅减小渗透压力和渗流量。而当防渗体系出现整体或较大程度的局部缺陷时，将产生全面或集中渗流的异常现象。由于土体渗透系数相对较大，此时会使得浸润线急剧抬升，渗透压力和渗流量增大，工程渗流产生异常。根据南水北调工程监测的特点，以渗压计的实测值为基础进行渗流异常的判断，分以下三种情形：

（1）仿真计算时，以设计水位为边界条件，通过不断增加防渗体系缺陷程度，观察浸润线、渗流量及渗透压力增大情况。当缺陷不断使渗流量 $Q_{异常} > 2Q_{正常}$ 时，说明存在防渗缺陷使工程渗流出现异常，采用概化模型计算此时监测点的渗透压力，将该渗透压力作为异常阈值。

（2）若在防渗体系不断产生缺陷过程中，第（1）种情形一直未发生，则浸润线 $|\iint X_后 \mathrm{d}_s \iint X_前 \mathrm{d}_s| < \varepsilon$（$\varepsilon$ 为设定一正小值，X 为浸润线的横坐标，$X_前$ 为浸润线之前的，$X_后$ 为浸润线之后的）时，判断为渗流异常，计算此时监测点的渗透压力，将该渗透压力作为异常阈值。这种情况下，土体的渗透系数很小，本身具有很强的防渗效果。

（3）当渠道水位较低或无水时，若两侧地下水位较高，可能发生反向渗流现象。此时不考虑防渗体系缺陷，不断升高地下水位，计算渗流作用下的面板浮托力 $F_{浮托力}$。当 $F_{浮托力} \geqslant G_{抗浮力}$ 时，发生渗流异常，计算此时监测点的渗透压力，将该渗透压力作为异常阈值。此种情形针对地下水位比较高的深挖渠段或隧洞。

4.2.3 渗压值动态模型标准的确定

根据上述分析与假设，因渗压计所表明的渗透压力的不确定性变化规律已由渗压值的具体数据体现，因此通过对阶段性的渗压值进行处理，即计算渗压值的均值、考虑其数值的具体数据范围以及数值的出现频率便可体现渗压值变化的具体规律。具体的适用性分析如下。

渗压值主要是通过监测仪器监测获得，若无水位、降雨等外部因素的影响，其数据的变化应是一条稳定不变的曲线（理想渗压值曲线）。但从实际数据的变化来看，实际渗压值的变化呈现出复杂多变的变化趋势，即在水位、降雨及温度等环境变量影响下，在各种外部环境因素的干扰下，渗压值数据产生了一定的波动，如图 4.12（a）所示。因渗压值与水位数据之间的变化存在着一定的滞后性，故两者之间的影响并不明显。但降雨与温度对渗压值的滞后影响则极为明显，是引起渗压值变化的主要因素。从整体而言，实际渗压值曲线是在理想渗压值曲线周边浮动，并保持一定的稳定性。沉降与渗流情况基本一致，因此不再赘述，沉降曲线如图 4.12（b）所示。

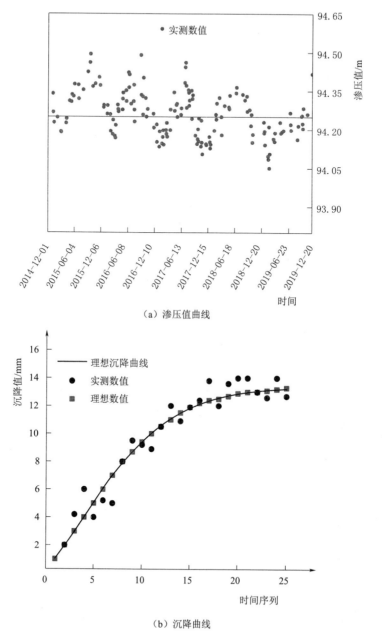

（a）渗压值曲线

（b）沉降曲线

图 4.12　渗压值、沉降曲线

结合云模型理论[81-82]与统计学原理，云数字特征中期望 Ex 有 2 层含义：其一是定性概念，期望 Ex 代表着定性概念最常出现的数据，是模型中最能代表定性概念的数值，是云滴在论域空间分布中的数学期望；其二是数值概念，代表着定量数据的均值。因为实际渗压值曲线围绕理想渗压值曲线上下波动，因此通过逆向云发生器，将渗压值的基础数据转化生成 Ex，即可找出在诸多不确定性条件影响下最能代表渗压值定性概念的渗压值数据。

熵 En 代表定性概念的不确定性度量，由概念的随机性和模糊性共同决定：一方面，En 是定性概念随机性的度量，代表着这个定性概念中云滴的离散程度，表示着定性概念的云滴出现的随机性范围，即代表着在外部条件下，实际渗压值具体数值出现的可能性大小；另一方面，又反映了在论域空间可被概念接受的云滴的取值范围，即确定了在现有数据情况下，渗压值数值的取值范围。

超熵 He 代表熵的不确定性，反映定性概念所对应的随机变量的凝聚性，即为随机变量的随机性，代表着数据再次出现于云模型图形中各点的概率。He 越小，代表着数据值再次出现的可能性就越大，而在渗压值数据表现方面，就体现在数据的规律性大小方面，数据的规律性越强，则数据的 He 越小。

结合上述分析，此处设定的渗流安全评价等级标准值如下所述：根据云模型理论，实现基础数据逆向云计算，将云数字特征表明的定性概念转化成数值数据，并通过公式判别分布特征；对于泛正态分布下的渗压值数据，应结合"3 En 规则"，实现评价值设定，具体见表 4.10 和表 4.11。当处于泛正态分布时，因分布于 $[Ex, Ex + En]$ 区间内的数据在数值表现上与期望 Ex 最为接近，因此设定该区间内的数据所处的安全程度最高，具体为安全度 $75\% \sim 100\%$；区间 $[Ex + En, Ex + 2En]$、$[Ex + 2En, Ex + 3En]$ 内数据因对定性概念的确定的贡献度依次降低，在数值表现上则是与期望值 Ex 之间的距离依次变远，故设定其安全度依次降低，分别为安全度 $50\% \sim 75\%$ 与 $25\% \sim 50\%$；超过区间 $[Ex + 3En, y_{max}]$ 的数据的安全度最低，为 $0\% \sim 25\%$。

当云滴分布呈雾化状态，即 $He > \dfrac{En}{3}$ 时，其数据在区间 $[Ex, Ex + 3En]$ 内虽有成团或有中心区汇聚，但从整体而言，其数据的分布呈现出杂乱的状态，对定性概念的表达较差，故根据均值、标准差建立渗压值动态等级标准。

表 4.10　　　　　　　渗压值动态等级标准 （ $He < \dfrac{En}{3}$ ）

等级	等级标准
安全度 $75\% \sim 100\%$	$[y_{min}, Ex + En]$
安全度 $50\% \sim 75\%$	$[Ex + En, Ex + 2En]$
安全度 $25\% \sim 50\%$	$[Ex + 2En, Ex + 3En]$
安全度 $0\% \sim 25\%$	$\lceil Ex + 3En, \lceil y_{max} \rceil \rceil$

注　y_{min} 为渗压值最小值；$[y_{max}]$ 为渗压值计算阈值。

表 4.11　　　　　　　渗压值动态等级标准 （ $He \geqslant \dfrac{En}{3}$ ）

等级	等级标准
安全度 $75\% \sim 100\%$	$[y_{min}, \bar{y} + S]$
安全度 $50\% \sim 75\%$	$[\bar{y} + S, \bar{y} + 2S]$
安全度 $25\% \sim 50\%$	$[\bar{y} + 2S, \bar{y} + 3S]$
安全度 $0\% \sim 25\%$	$[\bar{y} + 3S, [y_{max}]]$

注　y_{min} 为渗压值最小值；$[y_{max}]$ 为渗压值计算阈值。

4.2.4　沉降变化值动态模型标准的确定

由渠道的沉降值变化可知，沉降值数据受外界因素的影响将呈现出上下浮动现象，如渠内水位的变化、温度的降低引起的土体冻胀使得渠道下沉等均会引起渠道沉降的变化，其数据的变化同样存在较大的不确定性。此外，沉降值变化受历时的影响较大，为体现历时对沉降的影响，本书通过计算阶段性沉降变化值的均值、考虑其数值的具体数据范围以及数值的出现频率来实现渠道沉降安全评价模型的建立，具体描述如下。

由 4.2.3 节分析可知，云数字特征中期望 Ex 是最能代表定性概念的数值，在具体的沉降数值方面，则可用于表明渠段的具体沉降状态；若处于沉降过程中，则可借助相应的均值数据表明渠道的阶段性沉降状态是否正常；若是趋向于沉降最终值，则可表明沉降是否稳定。熵 En 表明沉降变化值的数值变化范围，单次测定的沉降数值直接表明渠道沉降过程的安全程度，若单次沉降数值变化过大，则表明渠道的沉降存在着一定的安全隐患，需借助 En 的大小，判定渠道的安全程度。超熵 He 则用于表明沉降变化值的规律性大小，若是整体的数据规律性较强，则表明沉降过程较为稳定，安全性较高。具体见表 4.12、表 4.13。

表 4.12　　　　　　　　　沉降变化值动态等级标准（ $He < \dfrac{En}{3}$ ）

等级	等级标准
安全度 75%～100%	$[y_{min}, Ex + En]$
安全度 50%～75%	$[Ex + En, Ex + 2En]$
安全度 25%～50%	$[Ex + 2En, Ex + 3En]$
安全度 0%～25%	$[Ex + 3En, y_{max}]$

注　y_{max}、y_{min} 分别为沉降变化值的最大值与最小值。

表 4.13　　　　　　　　　沉降变化值动态等级标准（ $He \geqslant \dfrac{En}{3}$ ）

等级	等级标准
安全度 75%～100%	$[y_{min}, \bar{y} + S]$
安全度 50%～75%	$[\bar{y} + S, \bar{y} + 2S]$
安全度 25%～50%	$[\bar{y} + 2S, \bar{y} + 3S]$
安全度 0%～25%	$[\bar{y} + 3S, y_{max}]$

第5章

渠道安全评价指标体系敏感性分析

由上述分析可知，渠道渗流安全综合评价指标已有的指标因素包括水位、降雨量、温度、地下水位及渗压计数据等，但这些指标因素影响及表明渠道渗流的权重各有不同，且不同的渠段类型其指标体系亦有一定的区别，故在对其分配权重时应各有侧重。检测信息用于渠道安全评价的定性评价，依据检测信息判定渠道是否异常，并与监测数据评价结果相结合，实现综合评价。故需建立起渠道安全评价指标体系敏感性指标体系以进行权重分配，具体见图5.1～图5.6。

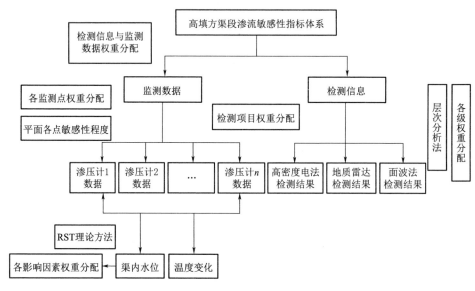

图 5.1　高填方渠段渗流敏感性指标体系

由图5.1～图5.6可知，本书构建的敏感性指标体系共分3级，其中监测数据与检测信息处于第一级，监测数据下分平断面各监测点即渗压计，监测点数据下分环境变量，主要分别为渠内水位、降雨量、温度变化及地下水位等；检测信息下分高密度电法检测结果、地质雷达检测结果及面波法检测结果。

对于敏感性指标体系，第三级指标影响因素的敏感性程度划分主要是应用粗糙集理论，针对渗压值与环境变量构建决策表，进而实现条件

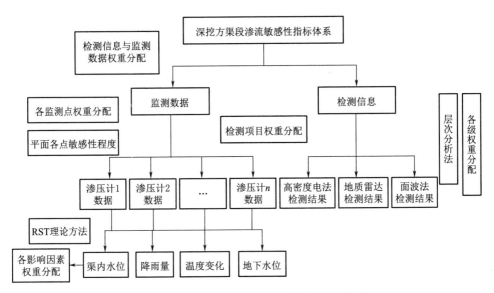

图 5.2　深挖方渠段渗流敏感性指标体系

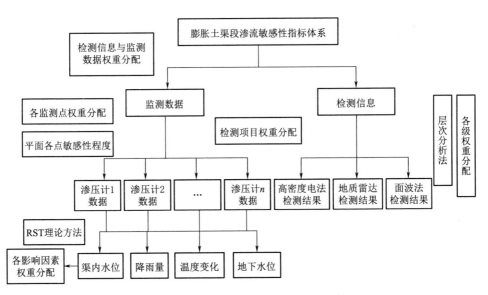

图 5.3　膨胀土渠段渗流敏感性指标体系

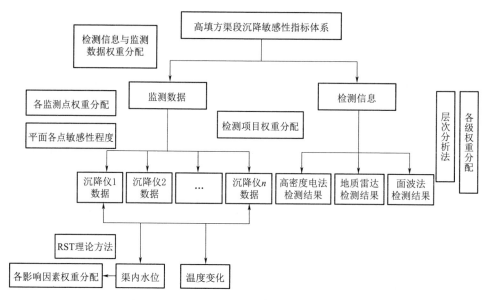

图 5.4　高填方渠段沉降敏感性指标体系

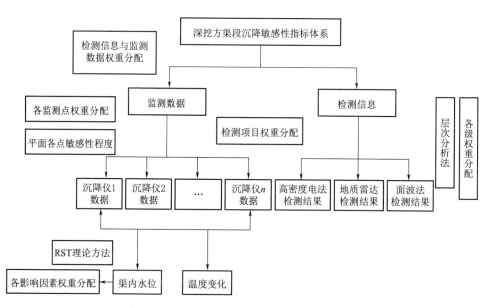

图 5.5　深挖方渠段沉降敏感性指标体系

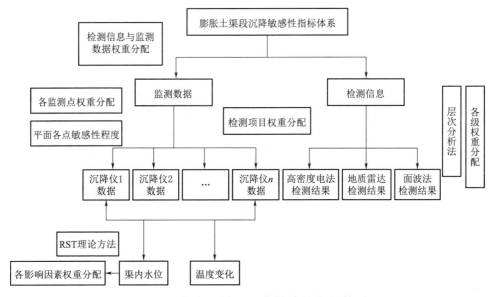

图 5.6 膨胀土渠段沉降敏感性指标体系

属性与决策属性之间的重要性划分。此外，再通过构建渗压值与环境变量之间的神经网络模型，实现渗压值的拟合预测，并表明环境变量与渗压值之间的统计关系。

对于第二级指标平断面监测点渗压计，判别同一断面的监测点敏感性程度；主要是应用层次分析法实现各监测点敏感性的划分。因高密度电法、地质雷达以及面波法都是定性评价，通过运用层次分析法分析不同检测信息之间响应异常条件的及时性、准确性，从而实现检测信息敏感性指标体系的建立。

对于第一级指标监测数据与检测信息，因两者之间呈并列关系，故确定两者的敏感性程度分别为 0.5、0.5。第三级与第二级因素之间的敏感性权重各为 0.2、0.3。

5.1 环境影响因素敏感性计算模型

运用粗糙集理论，建立渗压值或沉降变化值与渠内水位、降雨量及温度等数据之间的决策信息表，并通过属性约简，进而便可划分出渗压值受水位、降雨量及温度等数据的影响程度，以确立各环境因素的权重。

粗糙集（也称 Rough 集或 RST）是波兰数学家 Z. Pawlak 于 1982 年提出的数学方法[83-85]，RST 的主要思想是通过冗余因素的属性约简，在保证知识库分类能力不变情况下，得到问题的决策或分类规则的理论方法，通常选用决策信息表来表示：

$$S = \{U, C \cup D, V, f\} \tag{5.1}$$

式中：S 为决策信息表中所有对象的决策属性值集合；U 为论域，为非空有限对象的集合；$C \cup D$ 为属性集合；C 为条件属性；D 为决策属性，且满足 $C \cap D = \varnothing$；V 为所有属性值域集合；f 为 V 和 A 的关系集。

根据定义，对论域 U 可进行条件属性 C、决策属性 D 的等价类划分，分别为 IND $(C) = \{C_1, C_2, \cdots, C_m\}$、IND $(D) = \{D_1, D_2, \cdots, D_k\}$，从而将决策属性 D 关于条件属性 C 的依赖度 $\mathrm{pos}_C(D)$ 定义为

$$\mathrm{pos}_C(D) = \frac{\sum_{i=1}^{k} |\mathrm{pos}_C(D_i)|}{|U|} \tag{5.2}$$

去掉条件属性 c_i 对决策属性 D 的重要性可定义为

$$\mathrm{pos}_{C-\{c_i\}}(D) = \frac{\sum_{i=1}^{k} |\mathrm{pos}_{C-\{c_i\}}(D_i)|}{|U|} \tag{5.3}$$

属性子集 c_i（$c_i \in C$）的属性重要度为

$$\sigma_{CD}(c_i) = \mathrm{pos}_C(D) - \mathrm{pos}_{C-\{c_i\}}(D) \tag{5.4}$$

式（5.3）表示从条件属性 C 中去掉某个指标 c_i 后，计算单一指标 c_i 影响决策分类的程度，$\sigma_{CD}(c_i)$ 值越大，则相应的属性重要度越大；反之越小。$\mathrm{pos}_C(D)$ 代表论域 U 中所有根据条件属性 C 划分的样本可以准确地划分到 D 的集合中的对象集合，$C(X)$ 为 X 集合的正域，即为粗糙集中的下

近似，经典集合中 X 集合中的真子集。故 $\text{pos}_C(D)$ 表示如下：

$$\text{pos}_C(D) = \bigcup_{\forall X \in \text{IND}(D)} C(X) \tag{5.5}$$

堤坝渗流特征与沉降变化值均是诸多因素共同作用的结果，但由于各种影响因素的重要程度并不相同，因此通过这种方法可以对渗流的影响因素或是沉降变化值的影响因素即环境变量等实现相应的敏感性分析，即环境变量的权重分配。选定渗压值数据或沉降变化值为决策属性，设置水位、降雨量、温度等为条件属性，构建渗压决策表或是沉降变化决策表，以实现环境变量与渗压值或环境变量与沉降值的权重分配。

5.2 平断面监测点/检测信息敏感性计算模型

层次分析法（analytic hierarchy process，AHP）是由美国运筹学家 T. L. Saaty 于 20 世纪 70 年代提出的[86-87]。运用层次分析法确定指标权重的过程如下。

1. 构造判断矩阵

通过对现有的评价指标展开分析，结合专家的经验与知识，在充分阅读相关资料的基础上，对相应的指标进行重要度判别（两两比较的方法），具体见表 5.1。

表 5.1　　　　　　　　　　指标相对重要性程度专家评判表

评价指标	Q_1	Q_2	$\cdots$	Q_n
Q_1	a_{11}	a_{12}	$\cdots$	a_{1n}
Q_2	a_{21}	a_{22}	$\cdots$	a_{2n}
$\vdots$	$\vdots$	$\vdots$	a_{ij}	$\vdots$
Q_n	a_{n1}	a_{n2}	$\cdots$	a_{nn}

注　Q_i 表示评价指标，$i = (1, 2, \cdots, n)$；a_{ij} 表示指标 Q_i 相对于指标 Q_j 的重要程度，可根据 1~9 标度法（表 5.2）确定。

表 5.2　　　　　　　　　　　　1～9 标度法取值依据表

标度	含　　义
1	两评价指标相比，二者重要性相同
3	前一指标比后一指标稍微重要
5	前一指标比后一指标明显重要
7	前一指标比后一指标强烈重要
9	前一指标比后一指标极其重要
2、4、6、8	介于以上两相邻评判值之间的状态

结合专家评判表，即可确定某层次评价指标的判断矩阵 $A = (a_{ij})n \times n$，如式（5.6）所列，且判断矩阵具有以下性质：① $a_{ij} > 0$；② $a_{ij} = 1/a_{ji}$；③ $a_{ii} = 1$。

$$A = \begin{bmatrix} a_{11} & a_{12} & \cdots & a_{1n} \\ a_{21} & a_{22} & \cdots & a_{2n} \\ \vdots & \vdots & \ddots & \vdots \\ a_{n1} & a_{n2} & \cdots & a_{nn} \end{bmatrix} \tag{5.6}$$

2. 确定指标权重

根据判断矩阵，求出判断矩阵每一行元素的乘积，再进行归一化和标准化处理，即可求得各评价指标的指标权重。计算公式见式（5.7）和式（5.8）：

$$\overline{\omega_i} = \sqrt[n]{\prod_{j=1}^{n} a_{ij}} \quad (i = 1, 2, \cdots, n) \tag{5.7}$$

$$\omega_i = \frac{\overline{\omega_i}}{\sum\limits_{j=1}^{n} \overline{\omega_j}} \quad (j = 1, 2, \cdots, n) \tag{5.8}$$

式中：i 为矩阵阶数；ω_i 为单层次结构下的指标权重值。

则评价指标权重向量表示为 $W = [\omega_1, \omega_2, \cdots, \omega_i, \cdots, \omega_n]$。

3. 一致性检验

因层次分析法在确定指标权重过程中，运用了定性与定量方法相结合的方法，而其中专家的主观的判定又是实现上述过程的基础，因此，专家的经验与知识的基础对层次分析法结果影响至关重要。各专家的知识与经验各不相同，因此为尽可能地体现、反映和描述事物的客观性与实际工程的客观实际，减少主观因素对其结果的影响，防止因专家的主观因素导致结果的偏差，故应进行一致性检验。通过计算一致性比率来表明权重值的一致性，CR＝CI/RI，其中，RI 表示平均随机一致性指标，1～11 阶数的判断矩阵所对应的 RI 值见表 5.3。

表 5.3				RI 取 值 表						
阶数 n	1	2	3	4	5	6	7	8	9	10	11
RI	0	0	0.58	0.9	1.12	1.24	1.32	1.41	1.45	1.49	1.50

CI 表示定义相容性指标，需要结合判断矩阵的最大特征值 $\lambda_{\max}$ 进行求解，见式（5.9）和式（5.10）。

$$\lambda_{\max} = \frac{1}{n} \sum_{i=1}^{n} \frac{(AW)_i}{W_i} \tag{5.9}$$

$$CI = \frac{\lambda_{\max} - n}{n - 1} \tag{5.10}$$

根据以上过程求得 CR 后，若 CR＜0.1 或 $\lambda_{\max} = n$，则表明判断矩阵具有符合要求的较好的一致性；否则需要组织专家进行重新评定，调整判断矩阵中的赋值，直至判断矩阵满足一致性要求为止。

5.3 各渠段监测数据的敏感性分析结果

5.3.1 高填方渠段

根据上述内容，为了实现渠道渗流、沉降的安全评价，需要通过专家评判、构造判断矩阵、一致性检验等步骤确定平断面上各监测点的权重，运用粗糙集理论方法实现环境影响因素的权重分配。具体结果。见表 5.4 和表 5.5。

表 5.4　　　　　　　　　高填方渠段渗流安全评价指标权重

评价指标	水位数据 /m	温度变化 /℃	渗压计 P4－6 数据/m	渗压计 P5－4 数据/m	渗压计 P6－5 数据/m	渗压计 P7－5 数据/m
权重值	0.0812	0.0673	0.2235	0.2171	0.2122	0.1987

表 5.5　　　　　　　　　高填方渠段沉降安全评价指标权重

评价指标	水位数据 /m	温度变化 /℃	沉降仪 LDB3 数据/mm	沉降仪 LDB4 数据/mm	沉降仪 LDB16 数据/mm
权重值	0.1312	0.1121	0.2673	0.2512	0.2382

以渗流计算为例，依据粗糙集理论实现权重分配过程如下。

依据粗糙集理论内容，设定水位、温度等数据为相应的条件属性 C，并将相应的渗压值作为决策属性 D，构成决策表，如图 5.7 所示，进行属性约简处理，并对数据进行归一化处理与离散化处理。采用 Pawlak 属性重要度的属性约简算法对该决策表进行约简处理：因条件属性 C、决策属性 D 的等价类集合分别为 $\mathrm{IND}(C) = \{\{U_1\},\{U_2\},\cdots,\{U_{100}\}\}$，$\mathrm{IND}(D) = \{\{U_1,U_2,\cdots,U_{37}\},\{U_{38},U_{39},\cdots,U_{100}\}\}$，结合集合知识可知 $\mathrm{IND}(C) \subseteq \mathrm{IND}(D)$，由此可知该决策表是相容的，并可确定决策属性 D 属于 C-正域，即 $\mathrm{pos}_C(D) = U$。

以 X_1 为例，说明决策表相对 D 核约简处理方法，条件属性 $X_2 \sim X_7$ 可记为条件属性集 c_1，因 $\{U_{36},U_{92},U_{93}\}$、$\{U_8,U_{53}\}$、$\{U_{37},U_{98}\}$ 等共 25 组数据并非 $\mathrm{IND}(D)$ 的子集，故 $\mathrm{pos}_C(D) \neq \mathrm{pos}_{C_1}(D)$，由此可知 X_1 在 C 中相对于 D 是必要的，且根据式（5.4）可确定条件属性 X_1 对条件属性集 C 相对于决策属性 D 的重要性，其计算结果为 0.25。依次计算，即可获得各条件属性的权重大小，见图 5.8。

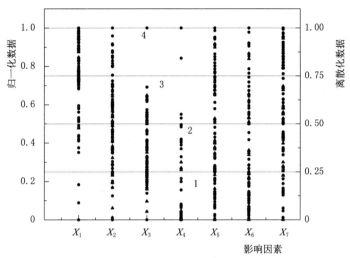

图 5.7 渗压影响因素决策表

•—正常；▲—异常

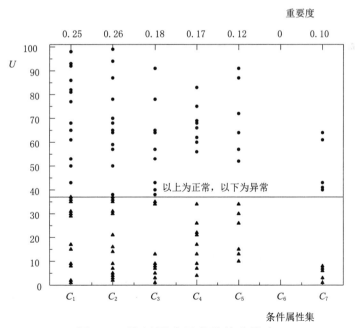

图 5.8 渗压影响因素约简分类表

•—正常；▲—异常

5.3.2　深挖方渠段

深挖方渠段结果见表 5.6 和表 5.7。

表 5.6　　　　　　　深挖方渠段渗流安全评价指标权重

评价指标	水位数据/m	温度变化/℃	地下水位/m	降雨量/mm	渗压计PA-3数据/m	渗压计PJ-4数据/m	渗压计PC-7数据/m	渗压计PT-15数据/m
权重值	0.0765	0.0652	0.0735	0.0715	0.1855	0.1871	0.1722	0.1685

表 5.7　　　　　　　深挖方渠段沉降安全评价指标权重

评价指标	水位数据/m	温度变化/℃	沉降仪LDB1数据/mm	沉降仪LDB7数据/mm	沉降仪LDB8数据/mm	沉降仪LDB16数据/mm
权重值	0.1213	0.0931	0.1831	0.1928	0.2011	0.2086

5.3.3　膨胀土渠段

膨胀土渠段结果见表 5.8 和表 5.9。

表 5.8　　　　　　　膨胀土渠段渗流安全评价指标权重

评价指标	水位数据/m	温度变化/℃	地下水位/m	降雨量/mm	渗压计PA-4数据/m	渗压计PJ-2数据/m	渗压计PC-4数据/m	渗压计PT-11数据/m
权重值	0.0621	0.0602	0.0752	0.0741	0.1836	0.1847	0.1862	0.1739

表 5.9　　　　　　　膨胀土渠段沉降安全评价指标权重

评价指标	水位数据/m	温度变化/℃	沉降仪LDB4数据/mm	沉降仪LDB6数据/mm	沉降仪LDB12数据/mm	沉降仪LDB14数据/mm
权重值	0.1367	0.1356	0.1378	0.1897	0.1985	0.2017

第6章

南水北调线性工程安全运行诊断理论
与分析

6.1 监测数据的评价

6.1.1 集对分析理论的发展

集对分析（set pair analysis，SPA）是我国学者赵克勤[88]在 1994 年提出的，是一种用来处理由随机、模糊、中介和信息不完全所导致的事物不确定性的系统理论方法。集对分析理论通过联系度概念从同、异、反三方面对不确定性系统进行全面刻画，是处理不确定性问题的重要理论方法，且具有概念清晰易懂、计算简洁方便的特点。因此，集对分析理论自提出以来，便得到多方支持和推广，且随着相关研究工作的不断深入，其价值也日益凸显出来。

目前，集对分析理论已经被广泛应用于科学研究、工程技术等领域，尤其是在水利工程的安全性评价的应用尤为丰富。如方季[89]基于集对分析理论，针对围岩稳定评价过程中所包含的不确定性，建立了多指标的围岩稳定性评价模型，并应用实例表明了该方法的可行性。郑小武[90]将集对分析理论应用到了土石坝安全风险评估的过程当中，鉴于评价模型评价指标体系的关联特性，集对分析的应用过程主要可分为两个步骤：①求得影响因素层各个指标相对于各子系统的隶属度，实现各子系统的安全评估，即根据评价值与评价标准值之间的联系度关系，运用置信度准则方法，确定各子系统的安全层次；②通过求解子系统对土石坝安全稳定系统的隶属度，最终获得土石坝整体的安全的等级。而廖文来[91]则是将集对分析理论中的联系度扩展为五元联系数，以此对应了大坝安全评价的 5 个安全等级，并借助层次分析方法、专家评分法等方法确定了各因子的权重大小，最终以同一、差异和对立这三种关系之间的系数为基准，计算了评价模型的合成联系度，并以此确定了大坝整体的安全状态。

　　而在堤坝的渗流评估方面，因为堤坝渗流评估的过程是一个多层次多指标相融合的系统分析问题，因此利用现有的堤坝渗流实测资料，构建定性与定量充分结合、主观参与较少的大坝渗流性态评价方法，一直都是堤坝工程领域关注的重要研究方向。苏怀智等[92]借助集对分析方法，依照现有的规范内容，实现了混凝土坝实测渗流性态综合评价指标体系和指标度量的构建。其主要是利用熵值理论，确定了各指标的权重大小，再通过同、异、反三方面的综合分析，将宏观上的确定性与微观层次的不确定性相结合，实现了混凝土坝渗流性态的现状评价和发展趋势预测，并应用实例证明了该方法的有效性。

　　不同因素引起的堤坝渗流对堤坝工程的渗流安全影响不同，因在堤坝渗漏过程中，水流会因其来源的不同而携带各种物质，针对水流中携带的物质特性，便可确定其来源于何处。王涛等[93]正是基于此特性，将"信息流"中的"信息熵"与集对分析系统理论结合，建立了一种新的堤坝集中渗漏通道探测模型：熵权-集对分析模型。因不同来源的渗流水其"信息流"中所蕴含的水体 pH 值、电导、Cl^-、δD 和 $\delta^{18}O$ 均不同，故可将其作为探测指标，依据探测指标和等级标准值间的关系，对待测样本进行同一、差异和对立的集对分析，计算各探测指标联系度，并采用基于极大熵原理的熵权赋值法确定不同指标的权重，以此实现各样本综合联系度的计算，进而确定钻孔内水的来源。通过分析钻孔内水的来源，可在一定程度上保证了堤坝的渗流安全。吕海敏等[94]则是将集对分析方法应用到了地基沉降的综合风险的评估上，以实例证明了该方法的适用性。

　　故本书主要针对渠段的典型渠段展开研究，在监测数据方面，主要是在明确环境因素与渗流及环境因素与沉降之间的关系的前提下，结合渗压值与沉降值，以集对分析方法为基础，分别建立渗流与沉降的监测数据的评价指标集与评价标准集，并以此确立了监测数据评价等级，见图 6.1。

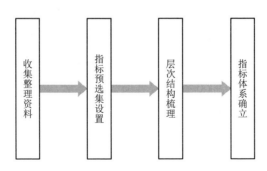

图 6.1　渠道渗流与沉降评价指标体系的建立基本步骤

此外，渠道渗流、沉降评价指标的选取不仅要具有一定的代表性，而且要能够从不同角度、不同层次全面、客观地反映评价对象的内容和特点。具体的原则如下：

（1）科学性原则。渠道渗流、沉降评价指标的选取应以相应的科学理论为指导，结合渗流与沉降的特点、相应的环境因素以及数据表征情况等，选取符合实际要求、反映客观事实的评价指标，以确保评价结果的科学性和可靠性。

（2）系统性原则。渠道渗流、沉降的安全评估是一个包含多方因素影响、数据表征的复杂系统，应从不同层次、不同角度和不同方面选取评价指标，并形成一个有机整体。

（3）综合性原则。渠道渗流、沉降的安全评估是多方面的，选取评价指标时应从渗流、沉降变化的环境因素、表征数据等各个主要方面综合考虑，防止因某些方面考虑得不周到而造成指标选取重复或遗漏，进而减少指标选取的片面性和不确定性。

（4）典型性原则。评价指标是研究对象或系统在某种意义上的典型代表，应能够基本实现对研究对象或系统的概括性描述。因此在选取渠道渗流与沉降的评价指标时，应目的明确、典型突出，尽可能地贴近渗流与沉降异常的真实状态。

（5）可操作性原则。渠道渗流评价指标选取时还应考虑指标数据的可获取性以及资料收集的难易性。所选取的评价指标不能与国家统计部门相关方面现行的指标体系相差太大,应尽可能保持一定的衔接性,以便于指标数据的收集。

(6) 定性与定量相结合原则。渠道渗流与沉降涉及的范围广、内容多,评价过程的影响因素也多,部分影响因素的分析数据可以通过统计或计算进行定量确定,但有些影响因素由于自身的属性特征,无法实现定量表达,而只能通过语言描述或专家评判定性确定。合理而全面的渠道渗流、沉降评价必须将定量与定性因素结合起来进行系统分析,不可偏废。

6.1.2 集对分析基本理论

集对分析作为一种能够处理不确定性问题的系统理论方法,主要是运用联系度计算公式,将评价系统中的评价指标在各个评价级别中都具有的同、异、反三种关系联系到一起,从而实现确定性关系与不确定性信息的分开考虑。

6.1.2.1 集对

集对通常是指具有两个一定联系的集合所组成的对子[95]。它们既可以是自然界的客观现象,也可以是社会中的普遍规律,例如大小、高低、胜败等。而当集对分析方法应用于工程评价时,最常用的集合由评价标准集与评价指标集构成:针对需要进行研究并解决的问题,建立具有一定联系的两个集合 A 和 B 的集对,并记为 $H = (A, B)$。

6.1.2.2 联系度

由集对分析的内容可知,对于集对中两集合之间的确定性联系,应采用"同一"和"对立"来描述:"同一"为正相关关系,"对立"为反相关关系。并选用"差异"来描述不确定性联系,因"差异"表明两者之间暨存在"同一"的关系,也有"对立"的部分,故简称"同、异、反"联系,具体如图 6.2 所示。

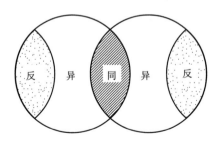

图 6.2 集对联系示意图

联系度是用于描述集对 $H = (A, B)$ 中两集合"同、异、反"联系的联系程度，记为 μ，是集对分析理论的计算基础，计算表达式如下：

$$\mu = \frac{S}{N} + \frac{F}{N}i + \frac{P}{N}j = a + bi + cj \tag{6.1}$$

式中：μ 为联系度；N 为集合 A、B 中的总特性数；S 为集合 A、B 中共有的特性数；P 为集合 A、B 中对立的特性数，且满足等式 $F = N - S - P$；i 为差异度系数，其值在区间 $[-1, 1]$ 内视实际情况取值；j 为对立度系数，一般取值为 -1；a，b，c 分别为集合 A、B 的同一度、差异度和对立度，并满足 $a + b + c = 1$ 及 $a, b, c \in [0, 1]$。

6.1.2.3 集对势与广义集对势

集对势（set pair posture，SPP）又称为联系势。

在联系度公式 $\mu = a + bi + cj$ 中，同一度 a 和对立度 c 的比值称为集对势，即

$$\text{SHI}(H) = \frac{a}{c} \quad (c \neq 0) \tag{6.2}$$

集对势反映了所论集对中两个集合在指定问题背景下的某种联系趋势，但通过式（6.1）和式（6.2）计算所得集对势在实际应用过程中存在一些局限性：首先，集对势定义问题，式（6.2）仅仅只是考虑了 $c \neq 0$ 的情况，但在实际应用过程中，会出现 $c = 0$ 的情况，此时无法实现集对势数值的计算，即无法比较 μ_1 与 μ_2 的集对势大小；其次，集对势易出现

失真现象，如两个联系度分别为 $\mu_1 = 0.10 + 0.89i + 0.01j$、$\mu_2 = 0.88 + 0.01i + 0.11j$ 时，按式（6.2）计算，可得 $SHI(H)_1 = 10 > SHI(H)_2 = 8$，即 μ_1 的同势程度要大于 μ_2 的同势程度，但从集对势等级来看，μ_1 的同势程度小于 μ_2 的同势程度，两种判定方法结果相悖。

为解决上述问题，相关学者[96]在集对势的基础上提出了广义集对势的概念，即采用相对同一度 e^a 与相对对立度 e^c 的比值：

$$SHI(H)_G = \frac{e^a}{e^c} \tag{6.3}$$

根据 e^a 与 e^c 比值的大小，集对势可表现为 3 种不同的联系趋势，分别为广义集对同势、广义集对反势以及广义集对均势，分别反映了研究系统中构成集对的两个集合具有联系上的同一趋势、对立趋势以及介于同一趋势和对立趋势之间的"势均力敌"状态。具体分类见表 6.1。

由表 6.1 可知，在广义集对势定义中，无论 c 是否为 0，均可实现集对势的计算，即当联系度分别为 $\mu_1 = 0.4 + 0.6i + 0j$，$\mu_2 = 0.7 + 0.3i + 0j$ 时，根据广义集对势，可得 $SHI(H)_{G1} = e^{0.4} < SHI(H)_{G2} = e^{0.7}$；且在应用过程中，减少了失真现象。例如：当联系度分别为 $\mu_1 = 0.12 + 0.88i + 0j$ 与 $\mu_2 = 0.88 + 0.12i + 0j$ 时，根据广义集对势，可得 $SHI(H)_1 = e^{0.12} < SHI(H)_1 = e^{0.88}$，即系统 1 的同势程度要小于系统 2 的同势程度；而根据表 6.1，也可得出系统 1 的同势程度要小于系统 2 的，即两者前后一致，保证了数据的前后一致性。

表 6.1 集对势分类情况表

集对势	等级划分	集对势强弱类型	a、b、c 的大小关系
广义集对同势	一级	广义全同势	$a=1$, $b=c=0$
	二级	广义强同势	$a>c$, $a>b$, $b \neq 0$, $c=0$
	三级	广义弱同势	$a>c$, $a=b$, $c=0$
	四级	广义微同势	$a>c$, $b>a$, $c=0$

续表

集对势	等级划分	集对势强弱类型	a、b、c 的大小关系
广义集对均势	一级	广义全均势	$a=c$，$b=0$
	二级	广义强均势	$a=c$，$0<b<1$
	三级	广义弱均势	$a=c=0$，$b=1$
广义集对反势	一级	广义全反势	$c=1$，$a=b=0$
	二级	广义强反势	$a<c$，$b<c$，$a=0$
	三级	广义弱反势	$a<c$，$b=c$，$a=0$
	四级	广义微反势	$a<c$，$b>c$，$b\neq0$，$a=0$

6.1.2.4 最大集对势原理与置信度准则

由对集对势的介绍可知，最大集对势原理主要是通过计算联系度、评比评价对象在不同评价标准或评价等级的集对势大小来判断评价对象的联系趋势，即根据评价对象在哪个评价等级的集对势最大，判定评价对象的评价结果属于该评价等级。集对势越大，则表明评价对象与该评价等级的联系度越强。但该判断准则却存在一定的不足，其中最明显的不足就是当某样本存在的广义集对势最大者为两个或两个以上时，将无法判断其属于哪个等级。例如，当计算的联系度为 $\mu=[0.1,0.5,0.2,0.5,0.3]$ 时，因该样本的最大集对势有两个，且均为 0.5。根据最大广义集对势原理则无法判定该样本的具体等级。

为了解决上述存在的问题，相关学者提出了置信度准则[97]：$\{V_1,V_2,\cdots,V_n\}$ 为一个有序评价集，评价对象属于 V_i 的隶属度为 μ_i，满足 $\sum_{i=1}^{n}\bar{\mu_i}=1$，当满足 $i_0=\min\{i\sum_{i=1}^{n}\bar{\mu_i}>\lambda，1\leqslant i\leqslant n\}$ 时，则认为评价对象属于 i_0 等级。其中，λ 为置信度，取值范围通常为 $[0.5，0.7]$，λ 越大，则评价结果越趋于保守。

6.1.3 集对分析理论的模型优势及适用性分析

集对分析理论能否应用于渠道安全评价，除了对集对分析理论的模型特点、理论优势及适用范围进行分析以外，还需结合渠道安全评价的主要特点，表明集对分析理论对渠道安全评价的适用性。

因渠道安全主要分为渗流安全与沉降安全两部分，故在应用集对分析方法时应从三种典型渠段特点出发，考虑南水北调线性工程类型、区域及监测数据特性等，从渗压、沉降两个方面入手，实现对渠道安全评价的综合评价。因此此处主要针对以上三种渠段、两个监测项目分析集对分析理论的适用性。

6.1.3.1 集对分析理论的模型优势

从现有的水利工程安全评价来看，评价指标主要分为两类，即通过定量采集获得的结果与通过定性分析获得的结果。其中，定量数据主要是依据监测设备或是具体公式计算所得，如指标体系中的水位数据、降雨量、温度等数据资料以及渗压值与沉降值数据；定性分析对象则包括除定量数据之外的所有的信息。定性分析或是通过图片信息进行描述性评价，或是通过各种公式或方法实现定性到定量的转化。而同时渠道安全评价是一个综合评价过程，需针对现有的数据展开分析，考虑因变量因素而引起的数据变化进而导致数据不确定性的结果，在此过程中各变量因素无法具体描述，只能是定性描述，因此需要将定性和定量因素综合考虑。而由集对分析理论可知，其建立的确定与不确定系统，正是通过"集对"的基本思想，运用计算联系度这一数学工具，实现定性和定量信息共存。

此外，渠道安全评价是全面性的系统问题。一方面，在对单个指标因素进行评价时，我们不仅需要确定该影响因素对渠道渗流变化或是沉降过程的影响程度，同时还应了解该评价结果与其他评价等级的关联度和趋向性，以便决策者更全面地掌握评价结果信息。另一方面，当同时对同一断面的多个平断面监测点进行渗流评价时，我们不仅需要确定各个渠段的渗流安全评价的评价等级，还需要对各渠段发生渗流可能性大小进行排序（沉降评价与渗流安全评价类似）。集对分析理论拥有全面性特点，它通过联系度 μ 从同、异、反 3 个方面对集对中两集合的特性进行刻画，可得到与各评价等级的联系度。而且通过"集对势"概念可以实现评价等级的确定和渠段渗流的可能性大小排序，适用于渠道渗流安全评价。

6.1.3.2　适用性分析

因渠道渗流、沉降安全评估涉及范围广、包含内容多、影响因素关系复杂且很难进行分类，例如，渗流变化的影响因素包含了环境变量，土体参数性质，渠道设计、施工过程等等多方面的内容，在深挖方渠段或是膨胀土渠段，还应考虑渠段内渗与外渗两种情形；而沉降方面则受渠内水位的变化影响较大，且在渠段设计与施工过程中，高填方渠段、膨胀土渠段均需对填筑土体进行填筑设计，土体的填筑质量对渠段的沉降亦有直接且较大的影响。但是在研究过程中无法针对影响因素实现全面考虑，只能选择主要内容建立渠道安全指标体系，来近似描述和表征渠道渗流与沉降的变化。同时，中线工程运行至 2021 年 6 月，尚未出现渠道渗流失稳或不均匀沉降的现象，这就造成了对渠道破坏主观认识上认识的不确定性。再者，在对渠道渗流或是沉降的影响因素的研究过程中，数据收集过程、分析数据的方法的不同，渠道安全基础信息掌握程度等等方面的不足都在一定程度上体现了渗流与沉降评估的不确定性。而集对分析理论作为处理不确定性问题的系统理论方法，适用于这一不确定系统。

此外，渠段渗流具有较强的空间差异性。不同地区的渠段具有不同的环境变量作为渠道渗流安全的影响因素，更主要的是不同的渠段具有不同的土体性质、土体的填筑方式等，具有较强的空间差异性。同时，随着渠段的运行，环境变量中降雨量、温度、水位等的变化均是随时间变化的，具有一定的动态特性。集对分析可以依据"集对"的概念，根据渠段渗流的时空差异性，调整集对中两个集合的内容，进行不同地域和不同时间的评价；而且集对分析概念清晰，计算简单，便于操作。沉降亦有上述特性，此处不再过多描述。

通过以上渠段评价的特点与集对分析理论特点的对应性分析，可以得出渠道安全评价属于集对分析理论的应用范围，且运用集对分析能够达到预期的目标。

6.1.4 渠道安全监测数据评价等级的确立

南水北调线性工程安全运行的诊断技术主要是以集对分析为基础，并结合相关的理论方法实现监测数据评价等级的确定，包括：集对集合的确定、指标权重的确定、联系度的计算、综合集对势向量计算与评价等级的确定。

6.1.4.1 集对集合的确定

集对分析理论的分析基础是构建集对。通过设定并选取评价对象，假设共有 n 个评价指标，且各个评价指标的评价值分别为 $a_i(i = 1, 2, \cdots, n)$，故 n 个指标评价值可构成集合 $\boldsymbol{A} = \{a_1, a_2, \cdots, a_n\}$。设指标评价值的评价标准共有 k 个评价等级，用 X_j 表示第 j 个评价等级的标准界限值，故评价等级划分标准见表 6.2。

表 6.2　　　　　　　　集对指标等级划分情况表

等级标准	1	2	⋯	$k-1$	k
情况 1	X_0	X_1	⋯	X_{k-2}	X_{k-1}
情况 2	$< X_0$	$X_0 \sim X_1$	⋯	$X_{k-2} \sim X_{k-1}$	$X_{k-1} \sim X_k$

评价等级标准值可构成集合 $\boldsymbol{B}$，见式（6.4）。因此，指标评价值集合 $\boldsymbol{A}$

和评价等级标准值集合 B 即可组成研究问题的集对 H，即 $H=(A，B)$。

$$B = \begin{bmatrix} X_{10} & X_{11} & \cdots & X_{1j} \\ X_{20} & X_{21} & \cdots & X_{2j} \\ \vdots & \vdots & \ddots & \vdots \\ X_{i0} & X_{i1} & \cdots & X_{ij} \end{bmatrix} \tag{6.4}$$

式中：X_{ij} 表示第 i 个评价指标对应第 j 项评价等级标准的临界值（$j=1$，$2,3,\cdots,k$）。

6.1.4.2 指标权重的确定

针对某一具体的评价过程或评价系统，需要确定评价指标体系中各评价指标的相对重要性，即指标权重。由于不同的评价指标对研究对象的影响程度和贡献率不同，故需要用权重值来加以区分。

6.1.4.3 联系度的确定

联系度的确定不仅是集对分析的关键步骤，更是其计算的基础。通过相关文献可知，联系度的确定多运用联系测度（identify difference opposition，IDO）法[98-99]，建立如下公式。集对分析优劣联系表示如图 6.3 所示。

$$\mu_1 = \begin{cases} 1 & q_i \in [X_0, X_1) \\ \dfrac{X_1}{q_i} + \dfrac{q_i - X_1}{q_i}i & q_i \in [X_1, X_2) \\ \dfrac{X_1}{q_i} + \dfrac{X_2 - X_1}{q_i}i + \dfrac{q_i - X_2}{q_i}j & q_i \in [X_2, X_4) \end{cases} \tag{6.5}$$

$$\mu_2 = \begin{cases} \dfrac{X_2 - X_1}{X_2 - q_i} + \dfrac{X_1 - q_i}{X_2 - q_i}i & q_i \in [X_0, X_1) \\ 1 & q_i \in [X_1, X_2) \\ \dfrac{X_2 - X_1}{q_i - X_1} + \dfrac{q_i - X_2}{q_i - X_1}i & q_i \in [X_2, X_3) \\ \dfrac{X_2 - X_1}{q_i - X_1} + \dfrac{X_3 - X_2}{q_i - X_1}i + \dfrac{q_i - X_3}{q_i - X_1}j & q_i \in [X_3, X_4) \end{cases} \tag{6.6}$$

$$\mu_3 = \begin{cases} \dfrac{X_3-X_2}{X_3-q_i} + \dfrac{X_2-X_1}{X_3-q_i}i + \dfrac{X_1-q_i}{X_3-q_i}j & q_i \in [X_0, X_1) \\[2mm] \dfrac{X_3-X_2}{X_3-q_i} + \dfrac{X_2-q_i}{X_3-q_i}i & q_i \in [X_1, X_2) \\[2mm] 1 & q_i \in [X_2, X_3) \\[2mm] \dfrac{X_3-X_2}{q_i-X_2} + \dfrac{q_i-X_3}{q_i-X_2}i & q_i \in [X_3, X_4) \end{cases} \qquad (6.7)$$

$$\mu_4 = \begin{cases} \dfrac{X_4-X_3}{X_4-q_i} + \dfrac{X_3-X_2}{X_4-q_i}i + \dfrac{X_2-q_i}{X_4-q_i}j & q_i \in [X_0, X_2) \\[2mm] \dfrac{X_4-X_3}{X_4-q_i} + \dfrac{X_3-q_i}{X_4-q_i}i & q_i \in [X_2, X_3) \\[2mm] 1 & q_i \in [X_3, X_4) \end{cases} \qquad (6.8)$$

式中：$\mu_1 \sim \mu_4$ 分别为某一评价指标针对 4 个评价等级联系度；q_i 为第 i 项评价指标的评价值；$X_0 \sim X_4$ 为第 i 项评价指标的各评价等级标准的临界值，不同评价指标对应同一评价等级标准的临界值不同。

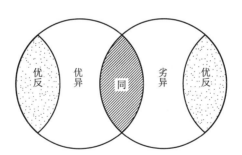

图 6.3 集对分析优劣联系表示

在研究整个评价对象与各个评价等级的联系度时，首先需要计算各评价指标与各个评价等级的联系度。根据以上联系度计算公式可知：①当某评价指标 Q_i 的评价值 q_i 处于第 j 个评价等级时，表明评价指标 Q_i 与评价等级 j 具有同一性，此时 $a=1, b=c=0$，联系度 $\mu=1$；②当某评价指标 Q_i 的评价值 q_i 处于第 j 个评价等级的相邻等级时，表明评价指标 Q_i 与评价等级 j 具有差异性，且 q_i 越靠近评价等级 j，则同一性越强，差异性越弱，即

a 越大，b 越小，反之，同一性越强，差异性越弱，a 越小，b 越大；③当某评价指标 Q_i 的评价值 q_i 处于第 j 个评价等级的相隔等级时，表明评价指标 Q_i 与评价等级 j 具有对立性，且 q_i 越靠近评价等级 j，则对立性越弱，即 a、b 越大，c 越小，反之，则对立性越强，即 a、b 越小，c 越大。

6.1.4.4　综合集对势向量的计算与评价等级的确定

首先，确定评价对象与评价等级的联系度矩阵 $\boldsymbol{\mu} = (a + bi + cj)_{j \times k}$，该矩阵的元素反映了评价对象中各评价指标与各评价等级的联系度，然后根据评价指标权重向量 $\boldsymbol{W} = [\omega_1, \omega_2, \cdots, \omega_i, \cdots, \omega_n]$，确定评价对象的综合联系度矩阵 $\boldsymbol{H} = \boldsymbol{W} \cdot \boldsymbol{\mu}$，即评价对象这个整体与各个评价等级的联系度。

其次，根据综合联系度矩阵 $\boldsymbol{H}$，并结合前文对广义集对势的介绍，计算集对势 $\mathrm{SHI}(\mu_1)_G = \dfrac{e^{a1}}{e^{c2}}$，$\mathrm{SHI}(\mu_2)_G = \dfrac{e^{a2}}{e^{c2}}$，$\cdots$，$\mathrm{SHI}(\mu_i)_G = \dfrac{e^{ai}}{e^{ci}}$，确定评价对象的集对势向量 $\boldsymbol{N}_0 = [\mathrm{SHI}(\mu_1)_G, \mathrm{SHI}(\mu_2)_G, \cdots, \mathrm{SHI}(\mu_i)_G]$。

最后，依据置信度准则，取置信度 $\lambda = 0.5$，确定评价对象的评价结果：$f_1 = \dfrac{\mathrm{SHI}(\mu_1)_G}{\sum\limits_{i=1}^{n} \mathrm{SHI}(\mu_i)_G}$，$f_2 = \dfrac{\mathrm{SHI}(\mu_2)_G}{\sum\limits_{i=1}^{n} \mathrm{SHI}(\mu_i)_G}$，$\cdots$，$f_n = \dfrac{\mathrm{SHI}(\mu_n)_G}{\sum\limits_{i=1}^{n} \mathrm{SHI}(\mu_i)_G}$。当有某一评价等级 i（$i = 1, 2, \cdots, 4$）满足 $f_1 + f_2 + \cdots + f_i \geqslant \lambda$ 时，f_i 对应的等级即为评价对象所属的等级。

综合以上集对分析的评价步骤，其评价的具体流程如图 6.4 所示。

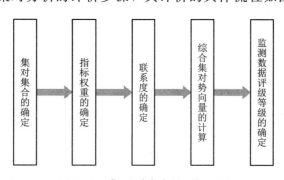

图 6.4　集对分析评级流程图

6.2 检测信息

检测信息部分则是根据有损检测与无损检测的内容与方法，通过层析成像的方法，根据图片信息与数据判定渠段内部是否存在着一定的安全隐患，结合监测数据与检测信息两方面内容提出南水北调线性工程安全运行的诊断技术。

南水北调中线工程跨度较长，分布着各种类型的地基土，而且抗剪强度、压缩性及透水性等土体性质因土体的种类不同而可能有很大的差别，一些软弱地基或特殊土地基往往需要进行地基处理才可使用。而对于渠道而言，其地基要求主要是针对渠道的填筑干密度与含水量作出规定。根据相应的报告内容可知，高填方渠段、深挖方渠段与膨胀土渠段对填筑干密度与含水量的要求各不相同。对于高填方与深挖方而言，填筑干密度应在 $1.64\sim1.86\mathrm{g/cm^3}$ 之间，含水量则在 $14.8\%\sim20.9\%$，具体可见表 6.3、表 6.4。而对于膨胀土而言，其换填土质的要求较为严格，以重粉质壤土等黏性土为主要填筑土料，干密度一般为 $1.65\sim1.75\mathrm{g/cm^3}$，设计控制填筑含水量为 $17\%\sim19\%$。

但因土体位于渠道内部，其具体的数值变化不易获得，同时，因中线工程无法进行钻孔试验，无法直接获取基本的土体参数信息，因此在运行期主要还是采取无损检测的方法，即地质雷达、高密度电法以及面波法等 3 种方法综合实现对渠道内部异常的判别。此外，因地质雷达方法主要针对渠段土体 10m 深度范围内进行检测，而高密度电法和面波法主要针对 $5\sim30$m 深度范围内进行检测，故结合以上 3 种方法，可实现对渠道由渗流影响、沉降变形等变化引起的土体信息在空间分布上不同的特征的分析，并利用层析成像的方法，根据图片信息与数据判定渠段内部是否存在着安全隐患。结合 6.1 节确定的监测数据评价等级，即可实现用无损检测进行比对校验及互相验证。

表 6.3　　　　　　　　　　　　　　高填方渠段填筑标准

设计分段	设计桩号	主要土料名称	设计填筑干密度 γ_d / (g/cm³)	设计填筑含水量 ω / %
1	Ⅳ 115+807.1～Ⅳ 118+413.6	①黄土状重粉质壤土	1.71	18.4
		②重粉质壤土	1.75	18
2	Ⅳ 118+413.6～Ⅳ 120+500	①黄土状重粉质壤土	1.71	18.4
		②重粉质壤土	1.75	18
3	Ⅳ 122+000～122+513.6	①重粉质壤土	1.64	20.9
4	Ⅳ 122+513.6～126+303.7	①黄土状重粉质壤土	1.72	18.9
		②重粉质壤土	1.64	20.9
5	Ⅳ 126+594.7～Ⅳ 129+816.7	①黄土状重粉质壤土	1.72	18.9
		②重粉质壤土	1.64	20.9
6	Ⅳ 130+107.7～134+692.5	①黄土状重粉质壤土	1.72	18.9
		②重粉质壤土	1.64	20.9
7	Ⅳ 134+692.5～139+686.2	①黄土状重粉质壤土	1.72	18.9
		②重粉质壤土	1.64	20.9
8	Ⅳ 140+027.2～144+587.5	①黄土状重粉质壤土	1.86	14.8
		②黄土状中壤土	1.72	18.5
		③黄土状重粉质壤土	1.72	18.9
		④重粉质壤土	1.64	20.9

表 6.4　　　　　　　　　　　　挖方土料力学参数建议值表

编号	岩性	控制干密度/(g/cm³)	控制含水量/%
1	①黄土状重粉质壤土	1.68～1.71	17.0～19.0
	②重粉质壤土	1.72～1.76	17.0～19.0
2	①黄土状重粉质壤土	1.68～1.72	18.0～21.0
	②重粉质壤土	1.61～1.64	20.0～22.0
3	①黄土状中壤土	1.82～1.86	14.5～15.5
	②黄土状重粉质壤土	1.69～1.72	17.0～19.0

6.2.1　地质雷达

地质雷达探测原理是利用高频电磁波以宽频带短脉冲的形式来探测隐蔽介质分布。当发射天线向被测物发射高频宽带短脉冲电磁波时，遇到不同介电特性的介质就会有部分电磁波能量返回，接收天线接收反射回波，并由主机记录下来，同时记录反射时间，形成雷达剖面图。

对于地质雷达而言，当出现土层塌陷、空洞、渗流等异常时，其介电常数与周围介质不同，反射信号增强，雷达剖面上将会形成弧形反射、同相轴错断、反射波杂乱等现象，这就为查找缺陷和地下构筑物提供了物理基础。

6.2.2　高密度电法

高密度电法勘探的原理是在地表通过供电电极向地下供入直流电，形成人工电场，然后通过仪器观测测量电极电场的分布情况，研究地下不同地质体所引起的地下电场变化。使用二维模型对探测剖面进行网格化，反演的目的就是确定每个网格的电阻率，这将产生一个电阻率伪剖面，用此剖面与实测电阻率剖面进行拟合，利用计算不断调整两部面之间的差异，直到形成比较理想的结果，也即使两者的差异足够小。

因此高密度电法是利用各种介质电阻率的不同来实现对土体内部异常的判别。如电阻率剖面图上存在相对低阻区或者高阻区，则说明该位置存在和周围介质不一样的物体，不含水的空洞、坑道、孤立的大石头、建筑回填垃圾等表现为高阻，而含水的空洞、坑道表现为低阻，据此可实现对渗流是否正常的判别。在不均匀沉降方面，当地下介质分布均匀时，电阻率等值线表现为条带状分布，反之则说明地下介质不均匀。

6.2.3　面波法

地表震源激发纵波和横波，同时由于纵波和横波的相互干涉叠加，会出现波型的转换，使地下介质质点按一定的轨迹运动，形成一种新的能量很强且主要集中在地表附近的波动，称为面波。如图 6.5 所示，面波在均匀半空间介质中传播，质点在波的传播方向垂直平面内振动，质点的振动轨迹为逆时针方向转动的椭圆。当平面 SV 波大于临界角入射自由表面时，反射 P 波为沿着自由表面前进的不均匀波。

面波法会因为介质的不同、传播速度的不同在剖面上形成异常的区域，为查找缺陷和地下构筑物提供了物理基础。根据激发的震源的不同，瑞雷波法震源可分为主动源和天然源。通过对瑞雷波波速的分布情况进行分析，可以实现对隐患的识别及获得其分布情况。

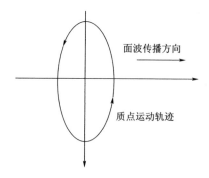

图 6.5　均匀半空间介质中面波的传播

第7章

实例分析

7.1 概述

本章将通过工程实例对上述理论方法进行验证分析。根据某处渠段的监控数据，进行相应的数据计算。因选用的数据均为高填方渠段数据，由各平断面渗压计分布可知，越靠近渠道内侧、底部，该测点渗压计对渠道水位变化及渗控体系失效时的反应越敏感。因此，高填方渠段以接近渠道的渗压计监测点为基准，即以 P4-4 和 P4-6 为主，因此针对渠段 SH（3）124+525，选用渗压计 P4-6 展开分析。其余渠段数据选用渗压计 P5-4、P6-5、P7-5。在确立安全评价指标体系的基础上，运用粗糙集理论与层次分析法确立相应的敏感性体系，在实现权重分配的基础上，运用集对分析方法实现对渠道监测数据的安全诊断技术研究，并与检测信息内容相结合，确立相应的安全等级及评估方案。

7.2 监测数据结果

7.2.1 指标体系的建立

可根据上述内容，构建监测数据的评价指标体系以及相应的评价指标，见表 7.1 和表 7.2。

表 7.1 **工程安全渗流监测数据评价指标值**

评价指标	水位数据/m	温度变化/℃	渗压计 P4-6 数据/m	渗压计 P5-4 数据/m	渗压计 P6-5 数据/m	渗压计 P7-5 数据/m
渗流指标值	108.45	14.9	93.52	93.95	93.99	92.68

表 7.2 工程安全沉降监测数据评价指标值

评价指标	水位数据/m	温度变化/℃	沉降仪 LDB3 数据/mm	沉降仪 LDB4 数据/mm	沉降仪 LDB16 数据/mm
沉降指标值	108.45	14.9	0.019	0.058	0.004

7.2.2 异常阈值计算

南水北调工程在渠道布设大量监测仪器，这些监测仪器所监测的数据能够反映出渠道当前的运行状态，而运行状态是否良好，一般需要进行判断，即需要确定该测点是否超过异常阈值。本书根据不同对象，建立相应的有限元网格模型，采用相关理论进行数值分析，以获取渠道异常时的测点，并依据测点位置给予测点安全评价系数。

本章主要介绍高填方渠段渗流计算结果，其余计算结果可见附录 B。

高填方渠段计算断面与监测点布置如图 7.1 所示。图 7.1 中由左至右测点编号分别为 P4-1～P4-9，共 9 个测点，其中 P4-1～P4-4 及 P4-6～P4-9 分别布置在两侧高填方填筑区域内，P4-5 布置在渠底；渠道内坡比为 1∶2，外坡比为 1∶2～1∶2.5，渠底高程为 115.935m，设计水位为 122.935m，渗压计布设高程在 115.3m 附近。高填方渠段渗流异常阈值分析的流程如图 7.2 所示。

表 7.3 为高填方渠段单宽渗漏量。由结果可知，正常时，高填方渠道测点 P4-4/P4-6 位置的水头为 7.864m（渗透压力为 78.64kPa），异常时可达到 11.55m（渗透压力为 115.5kPa）。靠近渠道外侧，处于浸润线以上的非饱和区域，渗透压力表现为负值。

表 7.3 渠道单宽渗漏量

渠道类型	正常时单宽渗漏量/(m³/d)	渗流异常时单宽渗漏量/(m³/d)
高填方	0.17	1.4

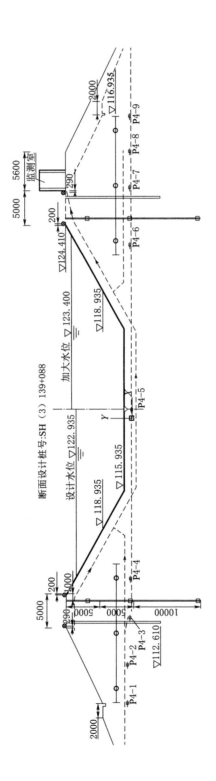

图 7.1　高填方渠段设计计算断面与监测点布置图（单位：高程为 m；其余为 mm）

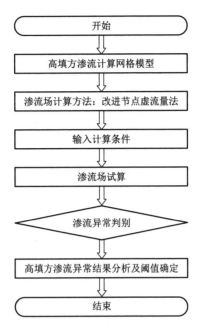

图 7.2 高填方渠道渗流异常阈值分析流程

表 7.4 为高填方渠段渗流异常阈值。根据各渗压计布设点正常及异常情形时的计算值,从偏安全角度进行预修整后确定测点警阈值。越靠近渠道内侧,该测点渗压计对渠道水位变化及渗控体系失效时的反应越敏感,计算精度也越高,因此,高填方渠段以接近渠道的渗压计监测点为基准,即以 P4 - 4 和 P4 - 6 为主。

表 7.4　　　　　　　　高填方渠段渗流异常阈值（水头计算值）

序号	观测点	异常阈值/m	备注
1	P4 - 1	≥7.48	
2	P4 - 2	≥9	
3	P4 - 3	≥10.11	
4	P4 - 4	≥11.55	
5	P4 - 5	≥12.91	渠底
6	P4 - 6	≥11.55	

续表

序号	观测点	异常阈值/m	备注
7	P4-7	≥10.11	
8	P4-8	≥9	
9	P4-9	≥7.48	

其余渠段计算略。

7.2.3 等级标准的划分

根据第 4 章的内容，通过计算水位数据，温升、温降期间温度数据，渗压值数据，结合历史数据可知，水位数据最小值为 87.13 m，最大值为 112.17m，均值为 106.92m，水位标准差 S 为 2.26。故根据 4.1.2 节的内容，可得水位数据等级标准，见表 7.5。

表 7.5 水位数据等级标准的确立

等级	等级标准/m
安全度 75%～100%	[87.13, 109.18]
安全度 50%～75%	(109.18, 111.43]
安全度 25%～50%	(111.43, 112.17]
安全度 0%～25%	(112.17, 115.15]

根据工程实际，此处设定温升阶段为 3—11 月，温降阶段为 12 月至次年 2 月，并可得以下数据：温升时期，最低温度为 2.30℃，最高温度为 38.70℃，均值为 21.11，温度标准差为 7.9，设定的上限温度为 41.50℃；温降阶段，最高温度为 12.30℃，最低温度为 −10.40℃，均值为 2.93，温度标准差为 4.42，设定的下限温度为

－15.60℃。具体等级标准见表 7.6 和表 7.7。

表 7.6 温升情况下温度等级标准的确立

等级	等级标准/℃
安全度 75%～100%	[2.30，29.01]
安全度 50%～75%	(29.01，36.91]
安全度 25%～50%	(36.91，38.70]
安全度 0%～25%	(38.70，41.50]

表 7.7 温降情况下温度等级标准的确立

等级	等级标准/℃
安全度 75%～100%	[－1.49，12.30]
安全度 50%～75%	(－5.91，－1.49]
安全度 25%～50%	(－10.40，－5.91]
安全度 0%～25%	[－15.60，－10.40]

由渠道渗压计布置情况可知，渠道渗压计均值、熵值及超熵计算结果见表 7.8。

表 7.8 渗压计数据计算结果

渗压计编号	均值 Ex	熵 En	超熵 He	最大值/m	最小值/m
渗压计 P4-6	93.37	0.12	0.01	93.85	92.87
渗压计 P5-4	93.47	0.18	0.03	94.09	92.90
渗压计 P6-5	94.12	0.19	0.06	95.52	93.59
渗压计 P7-5	92.63	0.16	0.05	93.32	92.14

根据计算结果，可得渗压计渗压值动态等级标准集，见表 7.9～表 7.12。

表 7.9　　　　　　渗压计 P4 - 6 渗压值动态等级标准集 ($He < \dfrac{En}{3}$)

等级	等级标准/m
安全度 75%～100%	[92.87, 93.49)
安全度 50%～75%	[93.49, 93.61)
安全度 25%～50%	[93.61, 93.73)
安全度 0%～25%	[93.73, 93.85]

表 7.10　　　　　　渗压计 P5 - 4 渗压值动态等级标准集 ($He < \dfrac{En}{3}$)

等级	等级标准/m
安全度 75%～100%	[92.90, 93.65)
安全度 50%～75%	[93.65, 93.83)
安全度 25%～50%	[93.83, 94.01)
安全度 0%～25%	[94.01, 94.09]

表 7.11　　　　　　渗压计 P6 - 5 渗压值动态等级标准集 ($He < \dfrac{En}{3}$)

等级	等级标准/m
安全度 75%～100%	[93.59, 94.31)
安全度 50%～75%	[94.31, 94.50)
安全度 25%～50%	[94.50, 94.70)
安全度 0%～25%	[94.70, 95.52]

表 7.12　　　　渗压计 P7-5 渗压值动态等级标准集 ($He < \dfrac{En}{3}$)

等级	等级标准/m
安全度 75%～100%	[92.14，92.79)
安全度 50%～75%	[92.79，92.95)
安全度 25%～50%	[92.95，93.11)
安全度 0%～25%	[93.11，93.32]

　　沉降数据主要针对渠道平断面的沉降仪数据展开沉降安全评估，沉降仪数据计算结果见表 7.13。

表 7.13　　　　　　　　　沉降仪数据计算结果

沉降仪编号	均值 Ex	熵 En	超熵 He	最小值 /mm	最大值 /mm	标准差
沉降仪 LDB3	0.081	0.091	0.028	0	0.509	0.007
沉降仪 LDB4	0.064	0.078	0.038	0	0.403	0.018
沉降仪 LDB16	0.047	0.042	0.018	0	0.273	0.020

　　根据计算结果，可得沉降仪沉降变化值动态等级标准集，见表 7.14～表 7.16。

表 7.14　　　沉降仪 LDB3 沉降变化值动态等级标准集 ($He < \dfrac{En}{3}$)

等级	等级标准/mm
安全度 75%～100%	[0，0.172)
安全度 50%～75%	[0.172，0.263)
安全度 25%～50%	[0.263，0.354)
安全度 0%～25%	[0.354，0.509]

表 7.15　　沉降仪 LDB4 沉降变化值动态等级标准集（$He \geqslant \dfrac{En}{3}$）

等级	等级标准/mm
安全度 75％～100％	[0，0.082)
安全度 50％～75％	[0.082，0.100)
安全度 25％～50％	[0.100，0.118)
安全度 0％～25％	[0.118，0.403]

表 7.16　　沉降仪 LDB16 沉降变化值动态等级标准集（$He \geqslant \dfrac{En}{3}$）

等级	等级标准/mm
安全度 75％～100％	[0，0.067)
安全度 50％～75％	[0.067，0.087)
安全度 25％～50％	[0.087，0.107)
安全度 0％～25％	[0.107，0.273]

7.2.4　权重分配

根据第 5 章的内容对渠道渗流、沉降进行安全评价，即通过专家评判、判断矩阵构造、一致性检验等步骤确定平断面上各监测点的权重，运用粗糙集理论方法实现环境影响因素的权重分配，见表 7.17 和表 7.18。

表 7.17　　　　　　　　渠道渗流安全评价指标权重

评价指标	水位数据/m	温度变化/℃	渗压计 P4-6 数据/m	渗压计 P5-4 数据/m	渗压计 P6-5 数据/m	渗压计 P7-5 数据/m
权重值	0.0812	0.0673	0.2235	0.2171	0.2122	0.1987

表 7.18 渠道沉降安全评价指标权重

评价指标	水位数据 /m	温度变化 /℃	沉降仪 LDB3/mm	沉降仪 LDB4/mm	沉降仪 LDB16/mm
权重值	0.1312	0.1121	0.2673	0.2512	0.2382

7.2.5 联系度计算

1. 单指标联系度

根据第 6 章中的联系度的表达式 [式（6.5）～式（6.8）] 可得渠道渗流安全 6 个评价指标与 4 个评价等级标准限值的联系度。具体如下：

（1）水位数据：

$$\mu_1 = 1 + 0i + 0j$$
$$\mu_2 = 0.7550 + 0.2450i + 0j$$
$$\mu_3 = 0.1989 + 0.6048i + 0.1962j$$
$$\mu_4 = 0.5518 + 0.0892i + 0.3590j$$

（2）温度变化：

$$\mu_1 = 1 + 0i + 0j$$
$$\mu_2 = 0.3589 + 0.6411i + 0j$$
$$\mu_3 = 0.0752 + 0.3319i + 0.5929j$$
$$\mu_4 = 0.1053 + 0.0673i + 0.8274j$$

（3）渗压计 P4 - 6：

$$\mu_1 = 0.9997 + 0.0003i + 0j$$
$$\mu_2 = 1 + 0i + 0j$$
$$\mu_3 = 0.8571 + 0.1429i + 0j$$
$$\mu_4 = 0.4615 + 0.4615i + 0.0769j$$

（4）渗压计 P5 - 4：

$$\mu_1 = 0.9993 + 0.0006i + 0.0001j$$

$$\mu_2 = 0.9 + 0.1i + 0j$$

$$\mu_3 = 1 + 0i + 0j$$

$$\mu_4 = 0.2917 + 0.7083i + 0j$$

（5）渗压计 P6 - 5：

$$\mu_1 = 1 + 0i + 0j$$

$$\mu_2 = 0.3725 + 0.6275i + 0j$$

$$\mu_3 = 0.2817 + 0.2676i + 0.4507j$$

$$\mu_4 = 0.5359 + 0.1307i + 0.3333j$$

（6）渗压计 P7 - 5：

$$\mu_1 = 1 + 0i + 0j$$

$$\mu_2 = 0.6154 + 0.3810i + 0j$$

$$\mu_3 = 0.3810 + 0.3810i + 0.2381j$$

$$\mu_4 = 0.3333 + 0.2540i + 0.4127j$$

（7）沉降仪 LDB3：

$$\mu_1 = 1 + 0i + 0j$$

$$\mu_2 = 0.3730 + 0.6270i + 0j$$

$$\mu_3 = 0.2716 + 0.2716i + 0.4567j$$

$$\mu_4 = 0.3163 + 0.1857i + 0.4980j$$

（8）沉降仪 LDB4：

$$\mu_1 = 1 + 0i + 0j$$

$$\mu_2 = 0.4286 + 0.5714i + 0j$$

$$\mu_3 = 0.3000 + 0.3000i + 0.4000j$$

$$\mu_4 = 0.8261 + 0.0522i + 0.1217j$$

（9）沉降仪 LDB16：

$$\mu_1 = 1 + 0i + 0j$$

$$\mu_2 = 0.2410 + 0.7590i + 0j$$

$$\mu_3 = 0.1942 + 0.1942i + 0.6117j$$

$$\mu_4 = 0.6171 + 0.0743i + 0.3086j$$

2. 综合联系度

根据公式 $H = W \cdot \mu$ 计算综合联系度矩阵 H：

$$W_{渗流} = [0.0812, 0.0673, 0.2235, 0.2171, 0.2122, 0.1987]$$

$$W_{沉降} = [0.1312, 0.1121, 0.2673, 0.2512, 0.2382]$$

$$H_{渗流} = W_{渗流} \cdot \mu = \begin{bmatrix} 0.9998 + 0.0002i + 0j \\ 0.7057 + 0.2936i + 0j \\ 0.5654 + 0.2359i + 0.1988j \\ 0.3983 + 0.3469i + 0.2548j \end{bmatrix}$$

$$H_{沉降} = W_{沉降} \cdot \mu = \begin{bmatrix} 1 + 0i + 0j \\ 0.4041 + 0.5959i + 0j \\ 0.2287 + 0.3108i + 0.4605j \\ 0.5233 + 0.0997i + 0.3771j \end{bmatrix}$$

3. 评价结果

由上述综合联系度矩阵的计算结果 H，并结合广义集对势定义，计算得到 4 个等级的广义集对势值，并进行归一化处理，计算置信区间。计算结果见表 7.19。

表 7.19 集对分析理论评价结果

等级指标		安全度 75%~100%	安全度 50%~75%	安全度 25%~50%	安全度 0%~25%
渗流	SHI $(\mu_1)_G$	2.7176	2.0252	1.4428	1.1544
	f_i	0.3702	0.2759	0.1966	0.1573
	置信区间		0.6461		

续表

等级指标		安全度 75%～100%	安全度 50%～75%	安全度 25%～50%	安全度 0%～25%
沉降	SHI (μ_1)$_G$	2.7183	1.4979	0.7932	1.1574
	f_i	0.4408	0.2429	0.1286	0.1877
	置信区间		0.6837		

根据表 7.19 中的归一化广义集对势值，采用置信度准则进行判断，得到该渠道的安全等级为安全度 50%～75%。

7.3 检测信息评价

通过运用相关设备，对渠道部分位置进行检测，可得以下结果。

7.3.1 地质雷达

布置 4 条测线，测线号分别为：左岸，LZ1、LZ2；右岸，LY1、LY2。

各测线下穿附近的雷达剖面图见图 7.3～图 7.6，图中黑线为下穿的位置。

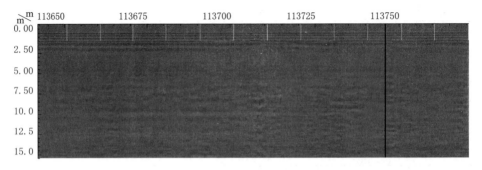

图 7.3 地质雷达 LZ1 测线成果图

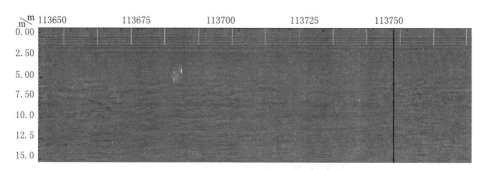

图 7.4 地质雷达 LZ2 测线成果图

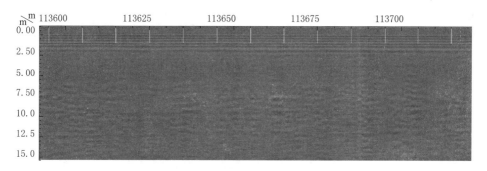

图 7.5 地质雷达 LY1 测线成果图

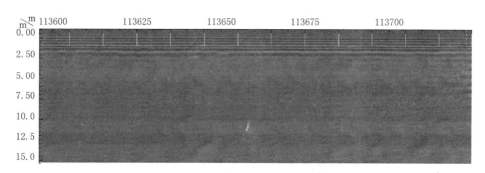

图 7.6 地质雷达 LY2 测线成果图

对雷达剖面进行分析，未发现有同相轴错断、反射波杂乱、强反射双弧线等异常，说明在地质雷达探测范围内，地下土质无空洞、塌陷等明显缺陷。

7.3.2 高密度电法

高密度电法完成 2 条测线，左岸测线号为 GZ1，电阻率剖面见图 7.7；右岸测线号为 GY1，电阻率剖面见图 7.8。

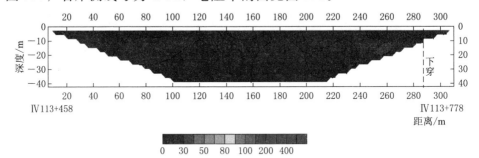

图 7.7　高密度电法 GZ1 测线电阻率剖面图

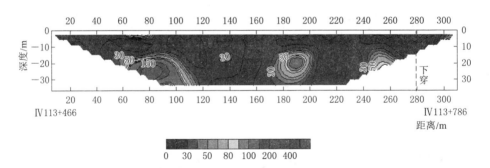

图 7.8　高密度电法 GY1 测线电阻率剖面图

（1）测线 GZ1。从电阻率剖面图（图 7.7）上可以看出，整体电阻率较低且均匀，电阻率基本在 40Ω·m 以下，说明在探测范围内，地下土质较均匀，无明显缺陷。

（2）测线 GY1。从电阻率剖面图（图 7.8）上可以看出，大部分电阻率在 40Ω·m 以下。在水平距离 60～110m、深度 15～33m，水平距离 180～200m、深度 12～28m，水平距离 245～260m、深度 20 以下等处，为相对高阻，电阻率超过了 50Ω·m，说明地下存在高阻异常。水平距离 180～200m、深度 12～28m 处为一闭合高阻区，有可能为碎石区，建议后期定期检测；其他两个部位的高阻根据整体剖面去看，应是土质变化引起的，缺陷的可能性较小。

总的来说，2 条测线在下穿工程附近都无明显异常，存在缺陷的可能性小。

7.3.3 面波法

1. MZ1 测线

测线位于左岸路外侧坡顶草地，测试 30 点，测试成果见图 7.9。图 7.9 中黑色虚线为下穿工程可能位置。由图 7.9 可看出，尽管波速较乱，但从整体来看，从上至下，在深度 5m、深度 10m、深度 17m、深度 27m 及以下等处，波速逐渐提高，说明在探测范围内地下介质比较均匀，无明显缺陷。

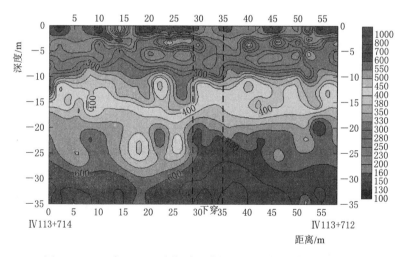

图 7.9 面波 MZ1 测线波速剖面图（波速单位：m/s）

2. MY1 测线

测线位于右岸路外侧坡顶草地，其测试成果见图 7.10，图中黑色虚线为下穿工程可能位置。由图 7.10 可看出，随深度的增加，波速整体逐渐提高，说明在探测范围内，土质密实度较好，无明显缺陷。

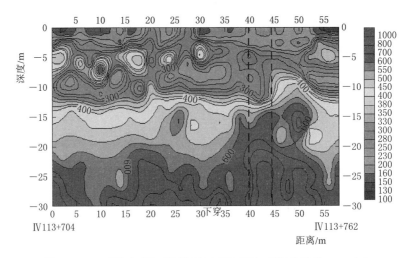

图 7.10　面波 MY1 测线波速剖面图（波速单位：m/s）

7.4　监测数据与检测信息融合分析结果

　　由监测数据集对分析结果可知，渠道渗流、沉降安全评价结果均为安全度 50%～75%。而由检测信息可知，渠道内部未有空洞、塌陷等明显缺陷。故结合监测数据定量分析与检测信息定性分析后可知，渠道处于较正常的安全等级。

　　因监测数据与检测信息的敏感性相同，故设定权重为 0.5：0.5。检测信息中地质雷达、高密度电法及面波法权重为 $\frac{1}{3}$：$\frac{1}{3}$：$\frac{1}{3}$。为便于描述，设定监测数据安全等级安全度 75%～100%、安全度 50%～75%、安全度 25%～50%、安全度 0%～25% 分别为 1、2、3、4；检测信息正常为 a，异常为 b。

　　具体的工程综合评价见表 7.20。

表 7.20　工 程 综 合 评 价 表

综合评价等级	正常	较正常	轻度异常	中度异常	恶性异常
渗流评价结果	1、a	2、a；3、a	1、b；4、a	2、b；3、b	4、b
沉降评价结果	1、a	2、a；3、a	1、b；4、a	2、b；3、b	4、b

7.5　评估方案

评估方案将渠道运行风险划分为 5 个风险等级，分别为正常、较正常、轻度异常、中度异常、恶性异常，并根据不同风险的评价等级给出相对应的措施。

（1）如渠道风险评价结果安全等级为正常，则说明渠道运行情况正常，无异常，极大概率情况下不具有发生渗流破坏和沉降破坏的可能性，安全隐患很小。但此时也要建立严格的管理制度，规范管理技术和规章制度约束，制定相应并切实可行的管理措施，建立层级责任体系，落实责任，实行现代化的管理理念，对渠道实行科学化、常态化的管理。对运行不正常的监测设备及检测仪器及时进行更换或维修，需要时刻保证监测仪器及检测设备的正常运行以及关注监测仪器及检测设备的数据情况，同时需要关注内外部环境的变化，防止因出现恶劣天气及其他环境因素突变而造成渠道运行发生渗流破坏及沉降破坏的风险，以免影响渠道的正常、安全运行，保证京津冀地区的正常用水。

（2）如渠道风险评价等级为较正常，说明此时渠道运行大概率不具有发生渗流破坏和沉降破坏的可能，但此时渠道运行具有小概率发生风险的可能，可能会发生渗流破坏和沉降破坏。因此需要密切关注监测仪器及检测设备的正常运行，对监测仪器及检测设备的数据及时处理，对可能发生的风险及时安排专人专班进行定期的巡查；排查渠断内是否有渗水、裂缝、外坡滑塌等可能造成严重后果的问题，特别是高边坡、高填方、土质不好的渠道要加大力度巡查；同时也要对可能发生渗流破坏和沉降破坏的点位进行重点关注，关注气象条件以及对后期温度、水位及降雨进行预测，评估未来气象条件是否会给渠道运行带来风险，如若气象条件对渠道运行不利，应该提前制定风险应急预案，针对有可能发生的风险采取相应的措施，将损失降到最低。

（3）如渠道风险评价等级为轻度异常，说明渠道运行具有一定的风险，有可能会发生渗流破坏及沉降破坏。要保证巡查人员的充足性、专业性、负责性，坚持每天定期巡查，做好巡查记录及数据记录，出现安全问题、异常现象要及时主动与上级主管部门进行沟通协调。科学全面地查找、分析和预测渠道运行中存在的危险、有害因素及可能导致的危险、危害后果和程度，系统地提出合理可行的安全对策措施，对危险源进行密切监控和事故预防，以达到最低事故率、最少损失和最优安全管理的目的。对异常数据、异常现象、异常情况要逐级及时上报，发现问题要及时处理，形成渠道维护与管理的具体模式，确保渠道运行的整体质量，保证渠道输水与供水的安全。

（4）如渠道风险评价结果为中度异常则表明此渠道运行时，有可能会发生渗流破坏及沉降破坏，有一定的安全隐患。此时应对评价为中度异常的渠段高度重视。对经常发生局部冲刷、渠道沉陷、渠段淤积和渠道冻害等现象的渠段，要及时进行维护与排险作业，发现问题及时上报处理。同时也要积极探索新的监测形式，引进无人机进行渠道巡查，利用无人机全时空、全方位的特点，采用无人机定点巡航的方式，对一些"渠段盲区"及风险点进行巡查摄像、拍照，以弥补人工巡查所无法发现的风险及问题。对可能要发生渗流破坏、沉降破坏的渠段，实时掌握相关地域地质地貌变化情况，特别是要防范有可能发生渗透变形、管涌、流土的渠段，同时也要防范发生沉降变形、破裂的渠段。做好切实有效预防措施，尽最大努力确保渠道安全，使其对生产生活的影响降到最低。

（5）如渠道风险评价结果为恶性异常，此评价结果代表此渠道极大概率会发生渗流破坏和沉降破坏，具有较大的安全隐患，并且一旦发生渗流破坏及沉降破坏将会造成较严重的后果，可能会引起渠道内水工建筑物、水利枢纽的失事，危及人民的生命财产安全。因此此时需对渠道总体布局，输水过程中存在的各种危险、有害因素进行系统的分析和辨识，确定危险和有害因素存在的部位、方式，预测事故发生的部位、方式和途径等，研究安全隐患之间的相关和约束关系，搞清主要危险、有害因素及其相关的危险、有害性，对可能导致事故发生的直接因素、诱导因素进行重点分析，建立起长期动态监测系统，为采取控制措施提供依据。以制定和规范巡护查险内容为前提，建立健全包括巡护内容、巡护标准、考核奖惩在内的一系列责任制，形成一级抓一级，层层抓落实的格局。同时，在巡护内容上，应对集中整修、重点维修、日常维护、机闸检修、安全输水五大部分重点关注。

第8章

结　语

本书基于国内外研究成果，从水利工程监测数据和检测信息两方面出发，分别得到了基于监测数据的集对分析结果与基于检测信息的定性分析结果，并将其应用于渠道工程实例，得到的主要研究成果如下：

（1）实现了渗压值、沉降值长短时神经网络模型的建立。根据工程实际，运用 Matlab 软件，建立了水位、温度及渗压值、沉降值的长短时神经网络模型，且预测结果较好，以渗压计 PB3 为例可知，其预测结果与实测值相比，绝对误差最大值仅为 0.069m，均值为 0.02m，且决定系数 R^2 为 0.95，具有较高的精度。该模型的建立，为今后基于渗压、沉降监测值的渠道工程运行期渗流、沉降的安全分析诊断提供一定的技术支持。

（2）实现了渠道安全评价指标体系的建立。根据实际工程可知，工程安全评价指标体系既有定量指标，也有定性分析。本书通过运用环境影响因素与渗压值、沉降值之间的关联关系，在建立神经网络模型的基础上，确立了相关的环境影响因素。根据工程安全监测系统，收集渗压值、沉降值的监测数据，并将其作为表征渠道渗流、沉降的状态监测数据。而检测信息包括地质雷达、高密度电法以及面波法等的检测结果，可实现对渠段内部是否异常的判别，并由此可实现指标体系的建立。

（3）敏感性体系的建立。依据工程可知，因指标体系可分为监测数据与检测信息，监测数据又包括环境影响因素与表征数据，故需将敏感性分为 3 部分，通过运用层次分析法可实现 3 部分指标内容的敏感性划分，应用粗糙集理论，针对渗压值与环境变量、沉降值与环境变量之间的关系构建决策表，进而实现条件属性与决策属性之间的重要性划分，并由此实现环境变量的敏感性划分。而 3 级指标体系的敏感性的划分以及平断面监测点、检测信息方法权重的分配则可同时运用层次分析方法统一实现。

（4）依据集对分析方法实现了监测数据定量评价。监测数据的定量评价主要是以集对分析方法为基础，以多种理论方法的方式实现。根据监控指标值理论方法，划分了环境影响因素的等级标准值。渗压值与沉降值的等级标准的建立则主要是运用云模型理论方法，根据其历史数据的分布情况，分别确定了其在泛正态分布与雾化分布情况下的等级标准值，并通过集对分析方法，运用联系度公式、广义集对势与置信度区间等内容实现了监测数据的评价结果。结合实际工程，确定了该工程渗流与沉降的监测数据的安全等级，验证了集对分析对工程的适用性。

（5）实现了监测数据与检测信息的融合分析。结合监测数据评价结果与检测信息定性结果，可实现工程安全的综合评价。应用实例证明，两者的结合更有益于全面的评价工程的安全程度，且该方法也为水利工程的安全评价提供了一种新的研究思路。

附录A

A.1 边坡稳定计算过程

A.1.1 强度折减法原理

Duncan 认为边坡的稳定安全系数可以定义为使边坡刚好达到临界破坏状态时对土的剪切强度进行折减的程度，即定义稳定安全系数为土的实际抗剪强度与临界破坏时折减后的剪切强度的比值。强度折减法的要点是利用式（A.1）和式（A.2）调整土体的强度指标 c'、φ'，然后对土坡进行数值分析，通过不断地增加折减系数式，反复分析土坡，直至其达到临界破坏。此时得到的折减系数即为稳定安全系数，其分析方程如下：

$$c' = \frac{c}{K} \tag{A.1}$$

$$\varphi' = \arctan(\frac{\tan\varphi}{K}) \tag{A.2}$$

式中：c'、φ 为折减后的抗剪强度指标；K 为每次计算的折减系数，临界状态时的折减系数 K 为边坡的稳定安全系数。

用这种方法分析边坡的稳定性时，通常将解不收敛的情况作为破坏准则。选取初始折减系数，对土体强度参数进行折减，将折减后的参数作为输入数值进行计算。

A.1.2 有限元模拟

在基于强度折减概念的弹塑性有限元数值分析中，对于域内的某一点，假定在某个剪切面上岩土体中正应力与剪应力分别为 σ 和 τ，则按照 Bishop 安全系数的一般定义，同时考虑到该点的抗剪强度，用 Mohr-Coulomb 破坏准则可得

$$\tau = c + \tan\varphi \tag{A.3}$$

则土体在这个预定剪切面的安全系数为

$$K = \frac{\tau^{\mathrm{f}}}{\tau} = \frac{\tau + \sigma\tan\varphi}{\tau} \tag{A.4}$$

假如此时岩体没有发生剪切破坏，土体中的实际剪应力与实际中得以发挥的抗剪强度相同，即

$$\tau = \tau_{\mathrm{fm}} = \frac{c + \sigma\tan\varphi}{K} = c' + \tan\varphi' \tag{A.5}$$

由此可知实际中得以发挥的抗剪强度相当于折减后的抗剪强度的指标。折减后的抗剪强度指标的表达式分别为式（A.1）和式（A.2）。

从这个意义上 K 可以看作强度折减系数，而从式（A.2）可以认为 K 为强度储备系数，或者实际强度发挥程度系数。

Mohr-Coulomb（M-C）相关联本构模型在主应力空间为一不等角的六棱锥体，在平面上为不等角的等边角形，其屈服函数的表达式为

$$f = \frac{I_1}{3}\sin\varphi + \sqrt{J_2}\cos\theta - \sqrt{\frac{J_2}{3}}\sin\varphi\cos\theta = 0 \tag{A.6}$$

式中：I_1 为应力张量的第一不变量；J_2 为应力偏量第二不变量；θ 为应力罗代角。

M-C 修正模型德鲁克-普拉格屈服面（D-P 准则）的表达式如下：

$$\alpha I_1 + \sqrt{J_2} = \kappa \tag{A.7}$$

由于各种屈服准则只是 α 和 κ 不同，而 α 和 κ 又是材料参数 φ 和 c 的函数，恰好 ANSYS 中 D-P 准则正是通过输入 φ 和 c 的值来实现的，那么可以假设 φ 和 c 为真实的材料，只需要通过换算出一组 c' 和 φ' 值，将其输入 ANSYS 中就可以得到想要的屈服准则类型。比如选用等面积 D-P 圆时，可按下式计算：

$$\frac{2\sin\varphi'}{\sqrt{3}\,(3 - \sin\varphi')} = \frac{2\sqrt{3}\sin\varphi}{\sqrt{2\sqrt{3}\pi(9 - \sin^2\varphi)}} = \alpha \tag{A.8}$$

$$\frac{2c'\cos\varphi'}{\sqrt{3}(3-\sin\varphi')} = \frac{6\sqrt{3}\cos\varphi}{\sqrt{2\sqrt{3}\pi(9-\sin^2\varphi)}} = \kappa \tag{A.9}$$

由式（A.9）可得

$$\sin\varphi' = \frac{3\sqrt{3}\alpha}{2+\sqrt{3}\alpha} \tag{A.10}$$

将材料参数代入式（A.8）可得 α，将 α 值代入式（A.10）可求得 φ'。

由式（A.10）可得

$$c' = \frac{\sqrt{3}\kappa(3-\sin\varphi')}{6\cos\varphi'} \tag{A.11}$$

从而把等面积圆准则下的材料参数换算成了外角点外接圆准则下的材料参数，这样我们把 c' 和 φ' 的值代入 ANSYS 进行计算就可以得到等面积圆准则下的边坡稳定性安全系数。

A.2 失稳判别准则

当边坡失去稳定性的时候，会产生很大的位移（水平和竖直方向的），滑动体由稳定状态变为运动状态，其位移和塑性应变不再是一个定值，而处于无限塑流状态，这就是边坡破坏的特征。

强度折减法思路清晰，原理简单。在边坡稳定数值分析中，在不断降低岩土体强度参数的过程中采用如下几个方面判断边坡是否达到临界破坏状态：

（1）收敛性准则。将有限元数值计算过程中计算是否收敛作为判别准则，当计算收敛时认为边坡体仍失稳，计算不收敛时则认为破坏，此时的折减系数即为安全系数。

（2）塑性区的贯通准则。在利用强度折减法计算边坡稳定时，一般把土体看成是理想弹塑性材料，当土体达到屈服破坏进入塑性状态后，其位移便无限制增大，当整个边坡中的塑性区连贯时，则此时就认为边坡产生滑动破坏了。

（3）广义剪应变准则或广义塑性应变准则。即某一幅值的等值线从坡底贯通到坡顶时，意味着边坡达到极限状态。

附录B

B.1　高填方渠道稳定

对于渠道而言，渗流场是影响边坡稳定的主要因素之一，因此边坡失稳依据的监测测点仍以渗压计为基础。高填方渠道稳定问题的计算典型断面及监测点布置与其渗流问题一致，见图 7.1。高填方渠道稳定异常阈值分析的流程，如图 B.1 所示。

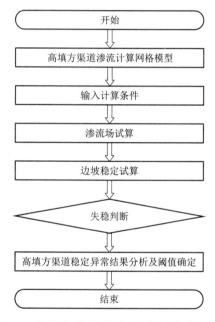

图 B.1　高填方渠道稳定异常阈值分析流程

图 B.2 和图 B.3 为高填方渠道稳定异常时的浸润线及水头等值线和滑动面信息，高填方渠道单宽渗漏量及抗滑稳定安全系数见表 B.1。由结果可知，抗滑稳定安全系数 1.2 时，高填方渠道测点 P4 - 4/P4 - 6 位置的水头为 7.00m（渗透压力约为 70.000kPa）。与渗流异常时不同，往渠道外侧方向，其余测点也基本处于浸润线以下的饱和区域，存在一定的渗透压力，但由于水头损失，渗透压力逐渐减小。

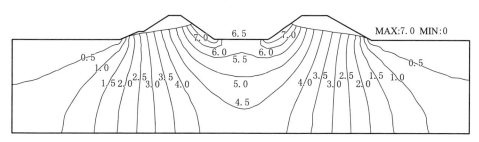

图 B.2　高填方渠道稳定异常浸润线及水头等值线（单位：m）

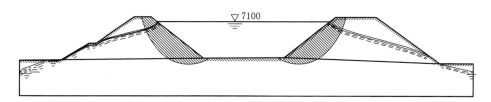

图 B.3　高填方抗滑稳定性

表 B.1	渠道单宽渗漏量及抗滑稳定安全系数	
渠道类型	失稳时单宽渗漏量/(m³/d)	抗滑稳定安全系数
高填方	2.1	1.2

　　稳定异常阈值见表 B.2。高填方渠道内侧稳定问题的判断以靠近渠道的 P4-4、P4-6 以及渠底的 P4-5 的监测值为主要依据。

表 B.2	高填方渠道内侧稳定问题异常阈值		
序号	观测点	异常阈值/m	备注
1	P4-1	≥7.294	
2	P4-2	≥8.605	
3	P4-3	≥9.75	
4	P4-4	≥12.151	
5	P4-5	≥12.91	渠底

序号	观测点	异常阈值/m	备注
6	P4 - 6	≥12.151	
7	P4 - 7	≥9.75	
8	P4 - 8	≥8.605	
9	P4 - 9	≥7.294	

B.2 深挖方渠道渗流

深挖方断面图与监测点布置如图 B.4 所示。图 B.4 中测点由左至右编号分别为 P8 - 1～ P8 - 5，共 5 个测点，其中 P8 - 1～ P8 - 2 及 P8 - 4～P8 - 5 分别布置在渠道两侧，P8 - 3 布置在渠底；渠底高程为 115.787m，设计水位为 122.787m，渗压计 P8 - 1 和 P8 - 5 布设高程在 115.93m 附近，P8 - 2 和 P8 - 4 布设高程在 118.787m 附近。深挖方渠道渗流安全异常阈值分析的流程，如图 B.5 所示。

图 B.6 和图 B.7 分别为渠道渗流异常时渠道内渗与外渗时渗透等值线，表 B.3 为渠道渗流异常时的单宽渗漏量。由结果可知，外渗时，靠近渠道的测点 P8 - 2/P8 - 4 位置的水头约为 6.052m，计算渗透压力为 60.52kPa，单宽渗漏量为 5.9 m³/d，远端渗压计测点 P8 - 1/P8 - 5 由于水头损失，渗透压力减小；内渗时，测点 P8 - 2/P8 - 4 位置的水头约为 10.232m，计算渗透压力为 102.32kPa。

深挖方渠道渗流异常时的渗压计测点异常阈值见表 B.4。由于 P8 - 1/P8 - 5 属于远端渗压计，该渗压计值受地下水位影响很大，因此实测值往往受季节影响发生较大变幅，不能作为判断渠道渗流是否异常的主要依据。故如判断渗流是否异常应以 P8 - 2 和 P8 - 4 监测值为主要依据。

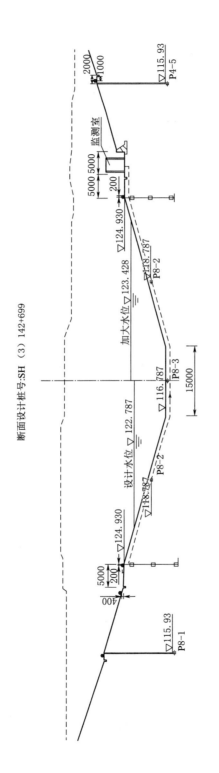

图 B.4　深挖方渠道断面图与监测点布置（单位：高程为 m；其余为 mm）

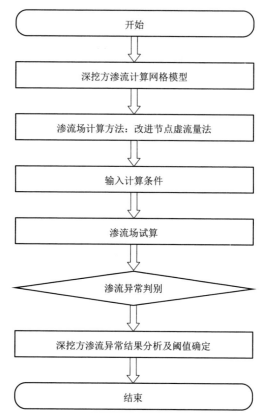

图 B.5 深挖方渠道渗流异常阈值分析流程

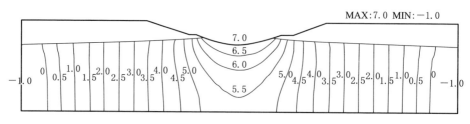

图 B.6 深挖方外渗异常浸润线及水头等值线（单位：m）

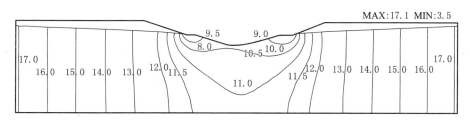

图 B.7 深挖方内渗异常浸润线及水头等值线（单位：m）

表 B.3　　　　　　　　　　高填方渠道内侧稳定问题异常阈值

渠道类型	外渗单宽渗漏量/（m³/d）	内渗单宽渗漏量/（m³/d）
高填方	5.9	−6.3

表 B.4　　　　　　　　　　深挖方渠道渗流问题异常阈值

序号	观测点	异常阈值/m		备注
		渠道外渗	地下水内渗	
1	P8-1	≥4.234	≥12.517	该值受地下水位影响
2	P8-2	≥6.052	≥10.232	
3	P8-3	≥7.000	≥9.004	渠底
4	P8-4	≥6.052	≥10.232	

B.3　深挖方渠道稳定

与高填方渠道一样，深挖方渠道稳定的异常判别同样也以渗压计监测值为基础，其计算典型断面及监测点布置与其渗流问题一致，见图 B.4。高填方渠道稳定异常阈值分析的流程如图 B.8 所示。

图 B.9 为渠道稳定异常时渠道浸润线及滑动面信息，表 B.5 为渠道稳定异常时单宽渗漏量及抗滑稳定安全系数。由结果可知，深挖方渠道失稳主要发生在渠道内渗情形，抗滑稳定安全系数仅 1.21。

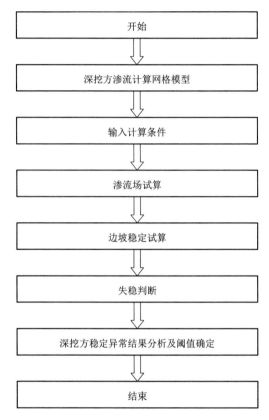

开始

深挖方渗流计算网格模型

输入计算条件

渗流场试算

边坡稳定试算

失稳判断

深挖方稳定异常结果分析及阈值确定

结束

图 B.8　深挖方渠道稳定异常阈值分析流程

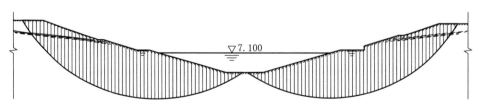

∇7.100

图 B.9　深挖方抗滑稳定性（单位：m）

表 B.5　　　　　　　　渠道单宽渗漏量及抗滑稳定安全系数

渠道类型	失稳时单宽渗漏量/(m³/d)	抗滑稳定安全系数
高填方	−10.1	1.21

深挖方渠道稳定异常阈值见表 B.6。深挖方渠道稳定问题主要是由外侧地下水位、外水入渗等情形引起的内渗失稳，因此判断时应以距离渠道较远的 P8−1、P8−5 的监测值为主要依据。

表 B.6　　　　　　　　深挖方渠道稳定问题异常阈值

序号	观测点	异常阈值/m	备注
1	P8−1	≥28.767	
2	P8−2	≥24.186	
3	P8−3	≥26.961	渠底
4	P8−4	≥24.186	
5	P8−5	≥28.767	

B.4　膨胀土渠道渗流

膨胀土渠段挖方断面与监测点布置如图 B.10 所示。图 B.11 为膨胀土渠段渗流异常阈值分析流程。图 B.12 和图 B.13 为渠段外渗及内渗异常时的浸润线及水头等值线。表 B.7 为渠道外渗及内渗异常时的单宽渗漏量。表 B.8 为膨胀土渠道渗流问题异常阈值。

该渠段的渗流异常与深挖方渠段类似，也存在外渗和内渗两种异常情形。渠道外侧在渠道输水水位以上，渗压计受地下水位及外水入渗影响较大，直接用于判断渠道渗流异常不明显。因此判断渗流是否异常应以 P6−2 和 P6−4 的监测值为主要依据。

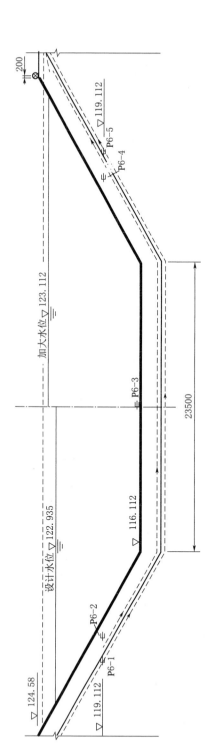

图 B.10 膨胀土渠段挖方断面与监测点布置(单位:高程为 m;其余为 mm)

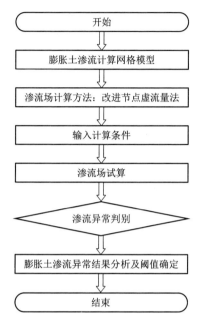

图 B.11 膨胀土渠段渗流异常阈值分析流程

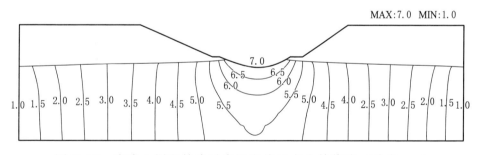

图 B.12 膨胀土渠段外渗异常浸润线及水头等值线（单位：m）

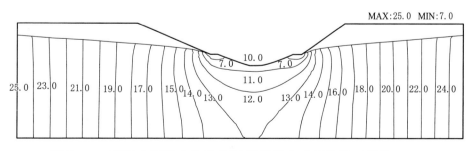

图 B.13 膨胀土渠段内渗异常浸润线及水头等值线（单位：m）

表 B.7   渠道渗流异常时单宽渗漏量

渠道类型	外渗单宽渗漏量/(m³/d)	内渗单宽渗漏量/(m³/d)
高填方	3.8	−12.9

表 B.8   膨胀土渠道渗流问题异常阈值

序号	观测点	异常阈值/m		备注
		渠道外渗	地下水内渗	
1	P6−1	≥6.134	≥27.910	该值受地下水位影响
2	P6−2	≥3.052	≥25.834	
3	P6−3	≥7.000	≥26.714	渠底
4	P6−4	≥3.052	≥25.834	
5	P6−5	≥6.134	≥27.910	该值受地下水位影响

注　评价 P6−3 测点时，若是防渗体系破坏，取 0.4；若是排水系统破坏，取 1.0；两者兼
　　有的局部破坏可取中间值。

B.5　膨胀土渠道稳定

　　表 B.9 为膨胀土渠道单宽渗漏量及抗滑稳定安全系数。图 B.14 为膨胀土渠段稳定异常阈值分析流程；图 B.15 为膨胀土渠段稳定异常时滑动面信息。

　　膨胀土渠道稳定异常情形受地下水位或外水入渗影响较大，判断是否稳定应以 P6−1 和 P6−5 为主，其稳定异常阈值见表 B.10。

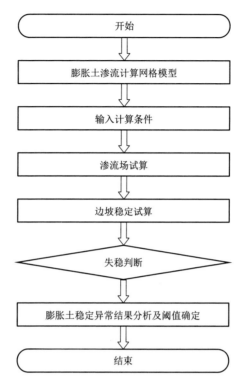

图 B.14 膨胀土渠段稳定异常阈值分析流程

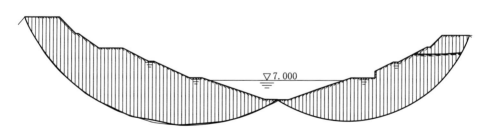

图 B.15 膨胀土渠段抗滑稳定性（单位：m）

表 B.9 膨胀土渠道单宽渗漏量及抗滑稳定安全系数

渠道类型	失稳时单宽渗漏量/(m³/d)	抗滑稳定安全系数
高填方	−28.4	1.23

表 B. 10 膨胀土渠道稳定问题异常阈值

序号	观测点	异常阈值/m	备注
1	P6－1	≥36.418	
2	P6－2	≥32.779	
3	P6－3	≥4.411	渠底
4	P6－4	≥32.779	
5	P6－5	≥36.418	

参考文献

［1］ 吕鹏，王晓玲，余红玲，等．基于 FDA 的大坝渗流安全动态可拓评价模型［J］．河海大学学报（自然科学版），2020，48（5）：433－439．

［2］ 赵鑫，马贵生，万永良，等．堤防工程堤基渗流安全评价方法［J］．长江科学院院报，2019，36（10）：79－84．

［3］ 付修庆，郑东健，苏观南．改进的可拓评价方法在坝体渗流评价中的应用［J］．三峡大学学报（自然科学版），2015，37（2）：26－29．

［4］ 曹晓玲，张劲松，雷红富．基于向量相似度的大坝安全综合评价方法研究［J］．人民长江，2009，40（5）：84－86．

［5］ JIANG F，WU H，LIU Y，et al. Comprehensive evaluation system for stability of multiple dams in a uranium tailings reservoir：based on the TOPSIS model and bow tie model［J］. Royal Society Open-ence，2020，7（4）:191566．

［6］ 梅一韬，仲云飞．基于熵权的大坝渗流性态模糊可拓评价模型［J］．水电能源科学，2011，29（8）：58－61．

［7］ 刘强，沈振中，聂琴，等．基于灰色模糊理论的多层次大坝安全综合评价［J］．水电能源科学，2008，26（6）：76－78，185．

［8］ 韩立炜，张宏洋，李松平．土石坝渗流安全的云动态评价方法［J］．华北水利水电学院学报，2012，33（4）：1－4．

［9］ 何亚辉，赵明阶，汪魁，等．基于云模型的土石坝渗流安全风险模糊综合评价［J］．水电能源科学，2018，36（3）：83－86．

［10］ 王晓玲，戴林瀚，吕鹏，等．基于 DSR－可拓云的渗流安全综合评价研究［J］．天津大学学报（自然科学与工程技术版），2019，52（1）：52－61．

［11］ SU H，OU B，FANG Z，et al. Dual criterion-based dynamic evaluation approach for dike safety［J］. Structural Health Monitoring，2018，18

（4）：147592171881337.

[12] WANG X, YU H, LV P, et al. Seepage safety assessment of concrete gravity dam based on matter-element extension model and FDA [J]. Energies, 2019, 12 (3): 502.

[13] SJÖDAHL P, DAHLIN T, JOHANSSON S. Embankment dam seepage evaluation from resistivity monitoring data [J]. Near Surface Geophysics, 2009, 7 (5-6): 463-474.

[14] CHO I K, KANG H J, LEE B H, et. al. Safety index evaluation from resistivity monitoring data for a reservoir dyke [J]. Geophysics and Geophysical Exploration, 2006, 9 (2): 155-162.

[15] 黎佛林, 蔡德所, 李玮岚, 等. 混凝土面板堆石坝安全评价及方法探讨 [J]. 人民黄河, 2014, 36 (4): 104-107.

[16] 邵莲芬, 辛酉阳. 基于投影寻踪-正态云模型的某土石坝安全评价 [J]. 水电能源科学, 2015, 33 (12): 81-84.

[17] 刘愚. 基于熵权-理想点法的大坝安全评价模型及应用 [J]. 水电能源科学, 2016, 34 (5): 73-76.

[18] 冯学慧. 基于熵权法与正态云模型的大坝安全综合评价 [J]. 水电能源科学, 2015, 33 (11): 57-60.

[19] 张社荣, 韩启超, 谭尧升, 等. R/S法的土石坝施工期沉降规律及预警标准研究 [J]. 中国安全科学学报, 2012, 22 (8): 164-170.

[20] HUAIZHI S U, JIANG H U, ZHONGRU W U. A study of safety evaluation and early-warning method for dam global behavior [J]. Structural Health Monitoring, 2012, 11 (3): 269-279.

[21] LIU H Z, DING N, QIN D, et al. The determination of deformation monitoring indices using lifting wavelet and multi-component cloud model [J]. Applied Mechanics & Materials, 2014, 556-562: 3001-3005.

[22] 陶丛丛, 陈宏伟, 孔松, 等. 基于原型监测的黏土心墙堆石坝渗流分析 [J]. 长江科学院院报, 2017, 34 (9): 70-73, 78.

［23］ 江强强，焦玉勇，宋亮，等．降雨和库水位联合作用下库岸滑坡模型试验研究［J/OL］.岩土力学，2019（11）：1－10［2019－07－26］.

［24］ XIAO Z H，HAN B，TUOHUTI A，et al. Stability analysis of earth damunder unsaturated seepage［J］. Advanced Materials Research，2008，33－37：1129－1134.

［25］ 许增光，柴军瑞．考虑温度影响的岩体裂隙网络稳定渗流场数值分析［J］.西安石油大学学报（自然科学版），2007（2）：169－172，183.

［26］ 李波波，高政，杨康，等．考虑温度、孔隙压力影响的煤岩渗透性演化机制分析［J］.煤炭学报，2020，45（2）：626－632.

［27］ 聂艳侠，胡黎明，温庆博．土壤电阻率与饱和度定量关系的确定［J］.岩石力学与工程学报，2016，35（增刊1）：3441－3448.

［28］ YAYA C，TIKOU B，CHENG L Z. Numerical analysis and geophysical monitoring for stability assessment of the Northwest tailings dam at Westwood Mine［J］.矿业科学技术学报（英文版），2017，27（4）：701－710.

［29］ SJÖDAHL P，DAHLIN T，JOHANSSON S. Using resistivity measurements for dam safety evaluation at Enemossen tailings dam in southern Sweden［J］. Environmental Geology，2005，49（2）：267－273.

［30］ 刘道涵，罗士新，陈长敬．高密度电阻率法在丹江口水源区尾矿坝监测中的应用［J］.物探与化探，2020，44（1）：215－219.

［31］ 姚纪华，罗仕军，宋文杰，等．综合物探在水库渗漏探测中的应用［J］.物探与化探，2020，44（2）：456－462.

［32］ 王祥，宋子龙，姜楚，等．综合物探法在小排吾水库大坝渗漏探测中的应用［J］.大坝与安全，2015（6）：51－54，62.

［33］ 薛建，易兵，成锁，等．灰坝渗漏的地球物理探测方法［J］.物探与化探，2008（1）：83－86.

［34］ 任爱武，柯柏荣，程建设，等．岩溶地区水库渗漏原因分析与无损检测验证［J］.水利学报，2014，45（增刊2）：119－124，129.

[35] 高士佩，徐毅，赵钢，等 . 基于探地雷达隐患检测的堤防渗流数值模拟 [J]. 人民长江，2017，48（增刊 1）：152 – 155.

[36] JU H Y，ZHAO J Q，LI J H，et al. Application of the comprehensive geophysical prospecting techniques in hidden trouble detection of tailings dam.［J］. Applied Mechanics Materials，2012，166 – 169：2562 – 2565.

[37] LIU B，JIANG X. Detection of anti-seepage effect of building stress wall structure based on transient Rayleigh surface wave method.［J］. Arabian Journal of Geosciences，2020，13（16）：1 – 9.

[38] 湛文涛，肖杰，陈冠一 . 膨胀土边坡渗流数值模拟及稳定性分析 [J]. 工业建筑，2018，48（9）：133 – 139.

[39] 王桂尧，付强，吴胜军 . 降雨条件下路基边坡渗流分析 [J]. 中外公路，2010，30（5）：51 – 55.

[40] ISMAIL MAM，NG S M，Abustan I. Parametric study of horizontal drains for slope stability measure：a case study in Putrajaya，Malaysia [J]. KSCE Journal of Civil Engineering，2017，21（6）：2162 – 2167.

[41] 梅芹芹，邓舒，张卫强，等 . 基于地电场响应的地裂缝模拟试验 [J]. 地震工程学报，2016，38（4）：652 – 657.

[42] WIDADA S，ZAINURI M，YULIANTO G，et al. Estimation of land subsidence using sentinel image analysis and its relation to subsurface lithology based on resistivity data in the coastal area of Semarang City，Indonesia [J]. Journal of Ecological Engineering，2020，21（8）：47 – 56.

[43] 王平，吴清星，刘少峰，等 . 利用 D – InSAR 测量和高密度电阻率剖面揭示焦作市王封煤矿老采空区地面沉降机制 [J]. 地球物理学进展，2011，26（6）：2196 – 2203.

[44] 张邦，化希瑞，刘铁华 . 高铁路涵过渡段不均匀沉降及注胶效果检测 [J]. 铁道工程学报，2020，37（4）：26 – 31.

[45] 陈欢芳，杨学嘉，梅超，等 . 基于地质雷达建筑物基础评估 [J]. 地下空间与工程学报，2013，9（增刊 2）：2079 – 2082.

[46] 杨永明．高速铁路无砟轨道整治效果评估方法探讨 [J]．铁道标准设计，2015，59 (10)：64 - 68．

[47] 崔德海．沪杭铁路箱涵桥沉降物探检测方法试验研究 [J]．铁道工程学报，2011，28 (10)：72 - 77．

[48] 贾开国，张善发，冯茂生，等．内蒙古老集高速公路软土地基综合治理试验研究 [J]．工程勘察，2009 (增刊 2)：300 - 306．

[49] 赵建三，郭云开，唐平英，等．公路路基工程质量无损检测综合技术试验研究 [J]．长沙铁道学院学报，2003 (1)：34 - 38．

[50] 杨天凯，刘毅，崔炜，等．基于原型监测与数值分析的深挖方渠道安全评估 [J]．水利水电技术，2020，51 (1)：172 - 178．

[51] 马文波．水库大坝渗流安全监测系统的设计 [J]．黑龙江水利科技，2012，40 (1)：110 - 111．

[52] 王家琛，朱鸿鹄，倪钰菲，等．渗流监测领域研究热点与发展趋势：基于文献计量与内容分析法 [J]．人民长江，2019，50 (增刊 2)：167 - 172．

[53] 邢志红．水利工程的安全运行与优化控制研究 [D]．保定：河北农业大学，2013．

[54] 沈淑英，潘光林．静态监测在基础控制爆破中的应用 [J]．人民长江，1994 (7)：14 - 19，62．

[55] 魏长勇．大伙房水库渗流监测自动化系统建设经验 [J]．水电自动化与大坝监测，2006 (2)：52 - 54．

[56] 杨杰，方俊，胡德秀，等．偏最小二乘法回归在水利工程安全监测中的应用 [J]．农业工程学报，2007 (3)：136 - 140．

[57] 缪长健，施斌，郑兴，等．基于 CM - AFSA - BP 神经网络的土石坝渗流压力预测 [J]．水电能源科学，2019，37 (2)：82 - 85．

[58] 陈端，曹阳，夏辉，等．GRNN 神经网络在坝基渗流预测中的应用 [J]．人民黄河，2012，34 (10)：118 - 119，123．

[59] 李鹏犇，苏亮渊，贾亚杰，等．基于多因素影响的 BP - RBF 神经网络渗流预测模型 [J]．人民黄河，2018，40 (4)：132 - 135．

［60］ 吴云星，周贵宝，谷艳昌，等．基于 LMBP 神经网络的土石坝渗流压力预测［J］．人民黄河，2017，39（8）：90-94，148.

［61］ 张俊中，宋蕾，张健雄．多元回归分析模型在变形监测中的应用［J］．河南工程学院学报（自然科学版），2009（3）：22-23.

［62］ MATA J. Interpretation of concrete dam behaviour with artificial neural network and multiple linear regression models［J］. Engineering Structures，2011，33（3）：903-910.

［63］ KAO C Y，LOH C H. Monitoring of long-term static deformation data of Fei-Tsui arch dam using artificial neural network-based approaches［J］. Structural Control and Health Monitoring，2013，20（3）：282-303.

［64］ 郭健，查吕应，庞有超，等．基于小波分析的深基坑地表沉降预测研究［J］．岩土工程学报，2014，36（增刊2）：343-347.

［65］ 谭衢霖，魏健，胡吉平．基于小波神经网络的建筑工程沉降变形预测［J］．应用基础与工程科学学报，2015，23（3）：629-636.

［66］ 钟国强，王浩，李莉，等．基于 SFLA-GRNN 模型的基坑地表最大沉降预测［J］．岩土力学，2019，40（2）：792-798，808.

［67］ 庞琼，王士军，谷艳昌，等．基于滞后效应函数的土石坝渗流水位模型应用［J］．水土保持学报，2016，30（2）：225-229.

［68］ GOOD FELLOW I，BENGIO Y，COURVILLE A，et al. Deep learning［M］. Cambridge：MIT press，2016.

［69］ 陈畅，李晓磊，崔维玉．基于 LSTM 网络预测的水轮机机组运行状态检测［J/OL］．山东大学学报（工学版）2019，49（3）：1-8［2019-07-11］.

［70］ 涂吉昌，陈超波，王景成，等．基于深度学习的水质预测模型研究［J］．自动化与仪表，2019，34（6）：96-100.

［71］ GRAVES A，MOHAMED A，HINTON G. Speech recognition with deep recurrent neural networks［C］// Proceedings of International Conference on Acoustics，Speech and Signal Processing Acoustics. Vancouver，

Canada：IEEE，2013：6645－6649.

[72] HOCHREITER S, SCHMIDHUBER J. Long short-term memory [J]. Neural Computation，1997，9 (8)：1735－1780.

[73] BENGIO Y, SIMARD P, FRASCONI P. Learning long-term dependencies with gradient descent is difficult [J]. IEEE Transactions on Neural Networks，1994，5 (2)：157－166.

[74] 杨背背，殷坤龙，杜娟. 基于时间序列与长短时记忆网络的滑坡位移动态预测模型 [J]. 岩石力学与工程学报，2018，37 (10)：2334－2343.

[75] XU S, NIU R. Displacement prediction of Baijiabao landslide based on empirical mode decomposition and long short-term memory neural network in Three Gorges area, China [J]. Computers and Geosciences，2018，111：87-96.

[76] 李德毅. 知识表示中的不确定性 [J]. 中国工程科学，2000 (10)：73－79.

[77] 李德毅，刘常昱，杜鹃，等. 不确定性人工智能 [J]. 软件学报，2004 (11)：1583－1594.

[78] 周剑，朱耀琴，柴旭东，等. 基于云模型与证据理论的共识分析方法 [J]. 系统工程理论与实践，2012，32 (12)：2756－2763.

[79] 张秋文，章永志，钟鸣. 基于云模型的水库诱发地震风险多级模糊综合评价 [J]. 水利学报，2014，45 (1)：87－95.

[80] 刘禹，李德毅. 正态云模型雾化性质统计分析 [J]. 北京航空航天大学学报，2010，36 (11)：1320－1324.

[81] 高洪波，张新钰，张天雷，等. 基于云模型的智能驾驶车辆变粒度测评研究 [J]. 电子学报，2016，44 (2)：365－373.

[82] 刘常昱，李德毅，杜鹃，等. 正态云模型的统计分析 [J]. 信息与控制，2005 (2)：236－239，248.

[83] PAWLAK Z. Rough sets [J]. International Journal of Computer and Information Sciences，1982 (11)：341－356.

[84] PAWLAK Z. Rough set theory and its applications to data analysis [J].

Cybernetics and Systems，1998，29（7）：661－688.

[85] 陈舞，张国华，王浩，等．基于粗糙集条件信息熵的山岭隧道坍塌风险评价 [J/OL]．岩土力学 2019，40（9）：1－10 [2019－07－11].

[86] 李文英．层次分析法（AHP 法）在工程项目风险管理中的应用 [J]．北京化工大学学报（社会科学版），2009（1）：46－48.

[87] 许树柏．层次分析法原理 [M]．天津：天津大学出版社，1988.

[88] 赵克勤．集对分析及其初步应用 [J]．大自然探索，1994，13（1）：67－72.

[89] 方季．色连二矿软岩工程地质特征及围岩开挖数值模拟研究[D].安徽：安徽理工大学，2015.

[90] 郑小武．土石坝的安全风险评估研究 [D]．合肥：合肥工业大学，2014.

[91] 廖文来．大坝安全巡视检查信息综合评价方法研究 [D]．武汉：武汉大学，2005.

[92] 苏怀智，孙小冉．混凝土坝渗流性态综合评价与趋势预估模型研究 [J]．人民长江，2013，44（22）：95－99，110.

[93] 王涛，陈建生，王婷．熵权-集对分析模型探测堤坝渗漏 [J]．岩土工程学报，2014，36（11）：2136－2143.

[94] 吕海敏，沈水龙，严学新，等．上海地面沉降对轨道交通安全运营风险评估 [J]．南京大学学报（自然科学），2019，55（3）：392－400.

[95] 李德毅．知识表示中的不确定性 [J]．中国工程科学，2000（10）：73－79.

[96] 李德顺．基于广义集对分析的系统危险性评价研究 [D]．沈阳：东北大学，2010.

[97] 程乾生．属性识别理论模型及其应用 [J]．北京大学学报（自然科学版），1997，33（1）：14－22.

[98] 文洁．集对分析法在工程造价风险评估中的应用研究 [D]．长沙：湖南大学，2013.

[99] 王颖，邵磊，杨方廷，等．改进的集对分析水质综合评价法[J].水力发电学报，2012，31（3）：99－106.